U0392638

INTRODUCING EVOLUTION: A GRAPHIC GUIDE (REVISED EDITION) By
DYLAN EVANS, ILLUSTRATIONS BY HOWARD SELINA

Text copyright © 2001 Dylan Evans, Illustrations copyright © 2001 Howard Selina
This edition arranged with Icon Books Ltd & The Marsh Agency Ltd.
Through BIG APPLE AGENCY, INC., LABUAN, MALAYSIA

图画通识丛书
A Graphic Guide

进 化

Introducing Evolution

［英］迪伦·埃文斯（Dylan Evans）/ 文

［英］霍华德·塞利纳（Howard Selina）/ 图

黄悦 / 译

Simplified Chinese Copyright © 2025 by SDX Joint Publishing Company.
All Rights Reserved.
本作品简体中文版权由生活·读书·新知三联书店所有。
未经许可，不得翻印。

图书在版编目（CIP）数据

进化／（英）迪伦·埃文斯 (Dylan Evans) 文；
（英）霍华德·塞利纳 (Howard Selina) 图；黄悦译.
北京：生活·读书·新知三联书店，2025. 1. ——（图
画通识丛书）. —— ISBN 978-7-108-07957-2

Ⅰ . Q11

中国国家版本馆 CIP 数据核字第 2024A4R299 号

责任编辑　李静韬
装帧设计　张　红　康　健
责任校对　曹秋月
责任印制　李思佳
出版发行　**生活·讀書·新知** 三联书店
　　　　　（北京市东城区美术馆东街 22 号　100010）
网　　址　www.sdxjpc.com
经　　销　新华书店
印　　刷　河北松源印刷有限公司
版　　次　2025 年 1 月北京第 1 版
　　　　　2025 年 1 月北京第 1 次印刷
开　　本　787 毫米 × 1092 毫米　1/32　印张 5.75
字　　数　50 千字　图 171 幅
印　　数　0,001 - 5,000 册
定　　价　39.00 元

（印装查询：01064002715；邮购查询：01084010542）

目 录

生物学的核心理论

伟大的俄裔遗传学家**特奥多修斯·多布然斯基**（1900—1975）曾说："脱离了进化，生物学的一切都没有意义。"进化论的确是现代生物学的核心理论。

可是 1999 年 8 月，在达尔文的《物种起源》出版 140 年后，美国堪萨斯州教育委员会却把进化论从官方规定的课程中**删除**了。

这样一来，在堪萨斯州攻读生物学的人不用掌握本专业最基本的理论也能毕业！这是为什么？什么事情能让一个州的教育委员会阻止学生学习这么重要的知识？

堪萨斯的恐惧和厌恶

堪萨斯州教育委员会的委员们显然很不喜欢进化论。跟他们观点一致的人不在少数。自从**查尔斯·达尔文**（1809—1882）和**阿尔弗雷德·拉塞尔·华莱士**（1823—1913）在 1858 年林奈学会的一次会议上提出进化论，这一理论就让很多人又怕又恨，以致一次次面临被禁的威胁。

1880 年，伯明翰主教的夫人听说了达尔文的理论，于是对丈夫说：

亲爱的，但愿这不是真的；不过，万一真有这回事，那就希望不要传得大家都知道吧。

达尔文的理论到底怎么了，惹得人们这么不高兴？

从古到今的问题

关于我们是谁，我们为什么来到这个世上，原本有一些传统的答案，而达尔文的进化论威胁到了这些旧思想，所以惹得大家很不高兴。

千百年来，人类一直在思索生命的意义。

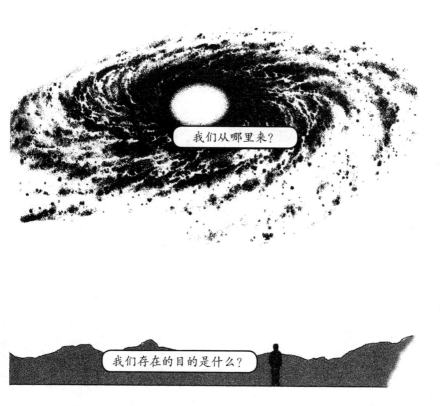

传统的答案来源于各种宗教，基本上都与一位或几位神有关系。

据说神造了人，并出于特定的原因把我们安置在这里。所有的传统答案都把人视为一种与众不同的生灵。人不能单纯地说是一种动物。人与动物不同，拥有灵魂。唯独人有自由意志，唯独人能够超越死亡。

万能酸

进化论一出现，过去的这些观念全都受到了威胁。新理论动摇了许多宗教宣扬的核心观念，似乎容不下上帝、灵魂以及死后生命的存在。它告诉我们，人只不过是一种动物。

美国哲学家**丹尼尔·丹尼特**（1942—2024）把进化论形容为一种"万能酸"。

进化论就像万能酸一样，可以摧毁几乎所有的传统宗教观念，丹尼特因此称之为"达尔文的危险观点"。

一个二合一的观点

　　达尔文的危险观点实际上由两部分组成，一是进化理论，二是自然选择理论。我们先分别了解，然后再综合起来看。这两个理论合二为一时，其危险性才真正显现。

关键不在于进化论本身，也不在于自然选择理论本身……

真正动摇宗教信念的，是**自然选择理论基础上的进化论**。

　　我们先来看进化论。

什么是进化？

进化论指出，物种可以**改变**。由一个物种可以衍生出另一个物种。

根据进化论，人类由非人类的祖先进化而来。

追根溯源，地球上所有的物种都起源于一个共同祖先，就像一棵树上所有的树枝都由一根主干发散出去。

这好像也不是什么了不得的观点。但是过去的几千年里，西方人一直相信物种是固定不变的。得知事实并非如此时，他们自然大为震惊。

物种的不变性

　　物种固定不变的说法，可以上溯到伟大的希腊哲学家及科学家**亚里士多德**（前384—前323或前322）。这是他自己通过观察得出的结论。

　　所以，亚里士多德也不是没有道理，他断定一个物种绝不可能繁衍出另一个物种。猴子永远是猴子，而人肯定永远是人。

逐一造物

　　几百年里，信奉基督教的学者一直很认可亚里士多德的物种不变理论。他们相信上帝在创世之初就创造了所有的生物，从那以后，每一个物种都分毫不差地保持着本来的模样。

我们认为《圣经·创世记》讲述的故事完全真实……

　　"耶和华神用土所造成的野地各样走兽和空中各样飞鸟都带到那人面前，看他叫什么。那人怎样叫各样的活物，那就是它的名字。"（《创世记》2：19》）

假如时间足够

到了 18 世纪，开始有一些人提出，物种并不是固定不变的。他们认识到，物种有可能一点一点地改变。一只猴子不可能生出一个人类宝宝。

假以足够的时间。这一点是关键。教会也正是抓住这一点大加驳斥。就算从理论上讲，一个物种有可能通过一系列小改变繁衍出另一个物种，问题是根本没有足够的时间让猴子进化成人，更不要说由一个祖先分化出现今所有的生物。按照教会的说法，这个世界总共也没有那么久的历史。

地球的年龄

厄谢尔主教（1581—1656）把《圣经》里提到的所有数字加了加，推算出世界是在公元前 4004 年创造出来的。如果《圣经》所述确为事实，那么地球的年龄只有 6000 岁而已，远远够不上进化所需的时间。

但是到了 19 世纪，地质学家开始认识到地球存在的时间绝不止这么一点。

河流穿过山脉的地方留有清晰的侵蚀痕迹——而水需要几万年时间才可能对岩石造成这样的侵蚀。

查尔斯·莱尔爵士（1797—1875）

今天已有大量科学证据证实了早期地质学家的猜测。地球的年龄是厄谢尔主教推算结果的近 100 万倍。目前估算，地球大约 45 亿岁了。这为进化提供了充裕的时间。

古老的骨头

这样一来，进化的可能性有了。要从一个共同祖先开始，经过许许多多微小的变化，进化出当前存在的所有物种，从时间上来说完全没有问题。

不过，单凭这一点还不足以确定物种**能够**进化。我们想知道进化是不是**确实**发生了。

这就需要化石帮忙了……

1811 年，玛丽·安宁（1799—1847）在英国多塞特郡莱姆里吉斯附近的峭壁间，发现了一具鱼龙的骨骼化石，这是一种生活在 500 万—1.2 亿年前的海栖爬行动物。

玛丽·安宁找到的全长约 6.4 米的化石。

几千年来，人们不时在岩石间发现年代久远的骨头，有的看上去很像我们日常见到的动物，但也有的与现今活在地球上的任何动物都不一样。

龙的牙齿

　　比如说，有些巨大的牙齿化石明显与现存的哪种动物都不搭。它们会是哪里来的呢？

化石透露的信息

奇特的化石本身不能为我们提供确凿的证据，驳倒物种不变的说法。这可以说明某些物种灭绝了，但并不能说明一个物种可以演变成另一个。不过，把出土的化石放在一起做个比较，你一下子就会发现这其中是有**规律**可循的。

很多化石都可以排列成序，呈现出一定的连续性，把年代稍早与稍晚的化石联系起来。

如果单看一个序列开头和末尾的化石，你会觉得它们很不一样。

但是在这一系列化石里，相邻的两个就只有细微的差别了。

对于化石变化的这种规律，唯一合理的解释就是这些变成化石的物种之间有关联。

碳年代测定法提供的证据

此外，用碳年代测定法测得的结果显示，化石的年代排列与根据外观排出的顺序一致。排在一个序列最前面的化石比后面一个年代更早，第二个又比第三个更早，以此类推。如果各个物种都是单独创造出来的，那么按道理说，它们留下的化石记录应该没有任何规律可言，更不可能一步不差地按照外观的相似性有序排列。

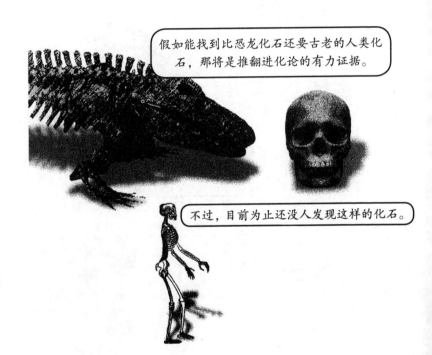

假如能找到比恐龙化石还要古老的人类化石，那将是推翻进化论的有力证据。

不过，目前为止还没人发现这样的化石。

化石呈现的变化规律表明，进化不仅仅是理论上的可能性，而是确凿的事实。

生命之树

生物学研究者在化石及其他证据的帮助下，渐渐拼凑出地球生命的漫长发展历程。比如现在他们知道，世上所有的生物都起源于一个大约生活在 40 亿年前的祖先。这肯定是一种非常简单的生物，甚至比单个的细胞还要简单。

最早的细胞出现在大约 35 亿年前。

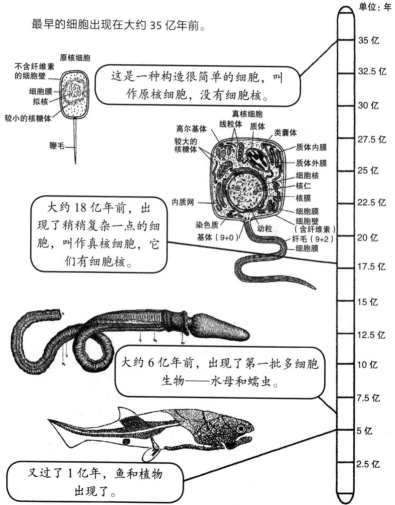

单位：年

35 亿

32.5 亿

30 亿

原核细胞

不含纤维素的细胞壁

细胞膜

拟核

较小的核糖体

鞭毛

这是一种构造很简单的细胞，叫作原核细胞，没有细胞核。

真核细胞

高尔基体　线粒体　质体　类囊体

较大的核糖体

质体内膜

质体外膜

细胞核

核仁

核膜

内质网

细胞膜

细胞壁（含纤维素）

染色质

基体（9+0）　动粒　纤毛（9+2）

细胞膜

27.5 亿

25 亿

22.5 亿

20 亿

大约 18 亿年前，出现了稍稍复杂一点的细胞，叫作真核细胞，它们有细胞核。

17.5 亿

15 亿

12.5 亿

10 亿

大约 6 亿年前，出现了第一批多细胞生物——水母和蠕虫。

7.5 亿

5 亿

又过了 1 亿年，鱼和植物出现了。

2.5 亿

占领陆地

大约 3.7 亿年前，动物开始到陆地上生活。它们之中有些是无脊椎动物，即没有脊椎骨，昆虫就属于这一类；另一部分是脊椎动物，也就是有脊椎骨。

陆栖脊椎动物包括两栖动物、爬行动物、鸟类和哺乳动物。

所有的脊椎动物，都起源于大约 4 亿年前出现在海洋里的硬骨鱼。

这些鱼有可能用骨质的鱼鳍爬上岸，离开了海洋。

渐渐地，它们适应了陆地上的生活。

万变不离四条腿

脊椎动物的骨骼结构透露了它们和鱼类祖先的关系——所有脊椎动物都有四个类似肢体的构造，和几亿年前从海里爬上陆地的硬骨鱼一样。这些动物身体结构上的相似性，进一步为进化提供了佐证。

两栖动物和爬行动物有四条腿（蛇类只有残留的痕迹）。

鲸的祖先形似奶牛，它们放弃陆地上的生活，回到海里，如今它们的四条腿已退化成小小的骨质突起。

一个很新的物种

种类繁多的哺乳动物当中，有一类叫作灵长动物，即猴和猿，直到大约 3500 万年前才出现。

现代人（*Homo sapiens sapiens*）全部都是这种猿的后代。大约 10 万年前，现代人在非洲出现。所以说，我们其实是一个很新的物种。假如把地球生命的历史浓缩到一年，那么人类要到 12 月 31 日午夜前的几分钟才出现。

活化石

我们知道了生命树的大致轮廓，但要准确了解每一根树枝的样子并不容易。化石只能提供部分证据，另外的证据藏在我们的基因里。

我们会在后面再细说基因，现在先来看看以下几个事实。

黑猩猩有 98% 的基因与人类基因相同。

香蕉里也有人类基因，只是没有那么多。

这表明相比香蕉，人类与黑猩猩的亲缘关系更近。

换句话说，人类与黑猩猩的共同祖先，比人类与香蕉的共同祖先出现得更晚。每一个生命体的血缘传承历史，都在其基因里留下了一份记录。基因就好比活化石。

"科学的"神创论

有大量无可否认的证据表明，地球上的生物是经过几亿年逐步进化而来的，可是依然有很多人不接受进化论。比如在美国，至今仍有大约四分之一的人相信《创世记》讲述的创世故事，是不折不扣的事实。

美国的一些基督教基要派甚至辩称，神创论——上帝在几千年前创造了所有物种并决定了它们的模样——是与进化论相当的科学理论。

1987年，美国最高法院裁定它在本质上只是宗教。

缺失的环节

神创论者找不到任何有力的证据证明自己的观点，于是改变方向，开始挑进化论的毛病。他们最常用的策略是指出化石记录中缺失的部分。

有些生物一路繁衍，留下了丰富的化石。这些骨骼化石经过整理，可以连续不断地排成序列，呈现出它们一步步进化的过程。不过，也有一些生物分支的化石记录没有那么连贯。

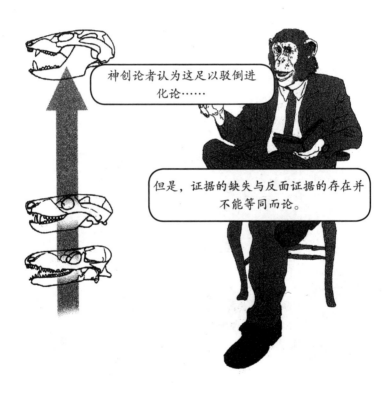

化石的形成是一个极不确定的过程，所以化石记录中出现空白部分并不奇怪。而且，进化还有大量**其他**证据支持，没必要为少数缺失的环节担心。

进化是怎样发生的？

如今有海量证据表明，进化确实发生了。神创论已然站不住脚。关于进化论的任何合理怀疑都已被排除。

这就要谈到达尔文危险思想的第二部分：**自然选择理论**。

达尔文的贡献

关于达尔文对生物学的贡献，最具独创性的一项不是进化理论，而是自然选择理论。

很简单，但是很强大

自然选择是一个非常简单的概念。

我太蠢了，居然没想到这个！

真的很简单，我的一位朋友第一次听到这个概念时，忍不住惊呼……

托马斯·亨利·赫胥黎

但另一方面，自然选择是一个超强的概念，因为它能够解释我们在生物世界里看到的所有错综复杂的秩序。

三个条件

一旦满足以下三个条件，自然选择就会上演。

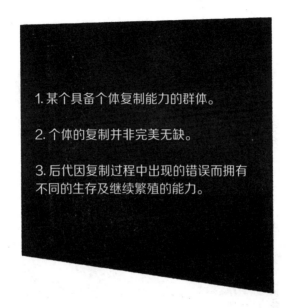

1. 某个具备个体复制能力的群体。

2. 个体的复制并非完美无缺。

3. 后代因复制过程中出现的错误而拥有不同的生存及继续繁殖的能力。

注意，这些条件适用于能够自我复制的**一切**，而不仅仅是动物和植物。

计算机病毒能自我复制。因此，计算机病毒也能通过自然选择实现进化。

动物和植物的复制

我们稍后再讲电脑病毒，现在单说动物和植物。动物和植物满足了自然选择的三个条件。

1. 它们能够自我复制……

后代与父母相像。

2. 复制过程并非完美无缺……

后代与父母有一些细微的不同。

3. 后代之间的细微差别会影响它们成功繁衍的概率。

蝴蝶的故事

为了形象地了解这三个条件如何触发自然选择，我们来看一个关于蝴蝶的故事。

蝴蝶能复制自己，也就是说，它们能产下与父母相像的后代。这样，第一个条件就满足了。从故事中可以看到，它们也满足了第二和第三个条件。

从前，有一群灰白的蝴蝶住在英格兰的森林里。

灰白是它们的保护色。

这些蝴蝶停在灰白的树枝上，不太容易被鸟类发现。

环境变了

有一天，一位工业大亨在林子旁边建起了一座工厂。污染笼罩下，树木日渐灰暗。

蝴蝶落在树枝上的时候，保护色失去了作用。

鸟儿一眼就能看见深灰色背景衬托下的苍白蝴蝶。

越来越多的蝴蝶被鸟吃掉，数量开始下降。蝴蝶还在继续繁殖后代，可是后代都命不长久。

多种颜色的蝴蝶

　　大多数蝴蝶后代与父母一样是浅色的。不过，繁殖复制从来不是分毫不差的（第二个条件）。

　　偶尔，蝴蝶会生出一个颜色不一样的后代（当然它出生时并不是蝴蝶，而是幼虫，后来才蜕变成蝴蝶）。

　　有的颜色让蝴蝶在灰色背景下变得更加显眼（第三个条件）。

　　这些蝴蝶在年纪还很小的时候就被吃掉了，根本来不及产下自己的后代。

但是有一天，一只灰色的蝴蝶出生了。比起同类，它在灰色树枝间隐蔽得更好，不容易被鸟发现（条件三的又一个例子）。

这些子孙大都继承了灰色的外貌。它们比浅色的亲戚活得更长久，所以后代也更多。几代之后，这片森林里的蝴蝶基本都是灰色的了。这个种群在自然选择的作用下进化了。

自然选择理论基础上的进化论

我们看过进化理论，也看过自然选择理论，现在该把它们合起来看了。

它们合二为一，就是**自然选择理论基础上的进化论**。这意味着一个物种可以在没有任何外力帮助的情况下，变成另一个物种。

达尔文的危险观点

　　自然选择进化论的危险性远远大于单纯的进化论。人们或许可以接受物种进化的概念，同时依然相信上帝造物。毕竟，进化也可能是在上帝监督下进行的，不是吗？

地球生物的整个进化历程也许是上帝一手规划的？

也许吧。但是一旦我们认可了**自然选择进化论**，关于上帝的传统观念其实也就不攻自破了。

　　被喻为"万能酸"的观点指的并不是单纯的进化，而是在自然选择作用下发生的进化。

目的论论证

要知道为什么自然选择进化论一出现，关于上帝的传统观念就没用了，我们有必要了解一个关于上帝存在的著名论题，即"目的论论证"。

威廉·佩利（1743—1805）在 1803 年出版的著作《自然神学》中概括阐述了"目的论论证"。佩利说，看到一块手表或任何一台精巧的机器时，你会知道这一定是有智慧的生灵创作的作品。

动物与人工制品

佩利进一步观察认为，在动物和植物身上也能看到设计的痕迹。它们和机器一样，由相互关联的部件巧妙组合起来，协同运作以维持整个机体的生存。

鸟喙的质地远比树皮硬度高，所以能在树上啄出洞来，这样啄木鸟就能吃到藏在树皮下面、树汁里的虫子。喙里还有长长的舌头，形状刚好适合把虫子从洞里钩出来。啄木鸟的肌肉能支撑它快速啄树皮，而硬挺的尾巴能在它们猛啄时保持身体平衡。

适应

各个关联的部件设计得这么好，全都是为一个目的服务——帮啄木鸟吃到钟爱的食物。这种精巧又复杂的设计就是**适应**。

适应性特征不可能是偶然形成的。因此，这必定是某位**设计者**有目的地创作完成的。

佩利认为这位"设计者"就是上帝。换句话说，手表的存在意味着钟表匠的存在；佩利进而推断，动物、植物及其他生物的适应性特征，意味着一位非凡的创造者——上帝的存在。

生命体的构造还有其他解释

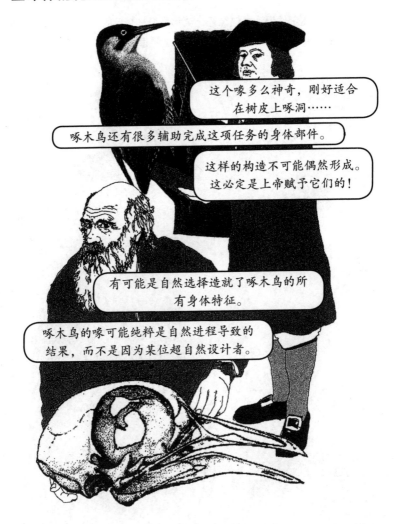

目的论论证震动了很多人。在达尔文发表观点之前，要解释生物呈现的复杂构造，上帝似乎是**唯一的**答案。但是多亏达尔文，现在我们知道还有**另一种**理论，可以解释生物的复杂构造。这就是自然选择理论。

一步到位

佩利说对了一点。像啄木鸟喙这样复杂的构造，几乎不可能通过偶然的步骤塑造完成。

这里的关键是"一步"。一个简单的适应性变化，比如身体颜色的改变，的确有可能无意间一步到位。我们前面讲过的蝴蝶就是这样。

有一天，一只灰白的蝴蝶生出了一个灰色的后代。从一代到下一代，颜色就变了。

但像啄木鸟喙之类复杂的适应性变化，不可能这样发生。

假如有人认为在过去的某个时候，一只没有喙的啄木鸟产下了拥有完美长喙的后代，那未免太荒唐。达尔文的理论不支持这种不可能发生的事。

许多小小的变化

达尔文认识到，像啄木鸟喙这样复杂的构造，虽然不大可能因为一个偶然事件一下子出现，但是有可能由一长串小小的变化塑造。每一个小变化都是一个偶然事件，不需要设计，但自然选择的力量会确保，每一步改变都被保留下来，逐渐累积成型。

啄木鸟的祖先，或许是一种喙很小的鸟。

有一天，我生下了一个喙稍长的孩子。

我能用这个喙在树皮上啄出很小的坑，吃到一两只平常吃不到的虫子。

这样一来，它就比兄弟姐妹们多了一小点优势，而在进化历程中，很小的一点优势有可能起到决定性作用。这只啄木鸟的后代继承了稍长的喙，渐渐地，这一群啄木鸟都有了稍长的喙。

故事从头再来

目前为止，啄木鸟的故事听起来很像蝴蝶的故事。但与蝴蝶故事不同的是，啄木鸟的故事并没有就此结束，没有停在一步变化扩散至整个种群。

啄木鸟的故事讲到这里，可以从头再来一遍了。

很多代以后，整个种群都拥有了稍长的喙。

有一只啄木鸟生出了一个喙稍长一点或许也稍硬一点的孩子。

这只喙又长了一点的啄木鸟又比同伴们多了一点优势，所以比一般的啄木鸟多生了一些后代。很多代以后，整个种群的喙都更长了一点。如此周而复始。

累积选择

　　这个过程可以不断重复，每一次都增加一点小变化。这些变化不一定只是喙变长，比如说，舌头也可能变长。重点在于，蝴蝶通过一个步骤改变了颜色，而啄木鸟通过许许多多小步骤进化出复杂的喙。自然选择可以是一步完成，也可以是步步**累积**。

不论多么复杂的结构，累积的自然选择都能达成……

前提是要有许多小的改变，形成一个从无到完善的连续过程。

　　每一步小小的变化都必须是在上一步基础上的小的改善，不然的话，新出现的特征不会有更多被复制的机会。

半个翅膀有什么用？

既然进化总是由一点一点的变化向前推进，而且每一步都必须是一次改进，那么，翅膀怎么可能进化出来？毕竟，进化出半个翅膀能有什么用呢？

答案就是：半个翅膀要用来飞行可能不大行，但也许适合做**其他事**。以某个功能为目标而进化的时候，也可能获得另一种功能。

生物学家现在认为，羽毛最初是为散热而进化出来的……

后来，有羽毛的动物偶然发现，当它们从树上掉下去的时候，羽毛可以减缓下坠的速度。

然后，它们学会了滑翔，最后学会了飞。在翅膀进化的过程中，每一步都是某种改进，但并非每一步都起到相同的作用。

盲眼钟表匠

自然选择没有**前瞻性**。羽毛刚出现的时候，并不是要为翅膀的进化打基础。羽毛只是因为某个原因进化出来，结果碰巧为翅膀的进化提供了条件。

自然选择能够完成神奇的设计，但是并没有预先的计划。因此，英国动物学家**理查德·道金斯**（1941— ）将其描述为"盲眼钟表匠"。

现实中的钟表匠会预先做好计划，然后开始制作手表，自然选择却是走一步看一步，一点一点地塑造生物，没有停下的迹象。

但是，自然选择有累积效应，许许多多微小的变化最终可以累积成奇妙的构造。对于佩利的目的论论证，达尔文给出的答案就是累积自然选择。佩利认为自然界的复杂设计应该有一个解释，这并没有错。他错在断言上帝是**唯一的**解释。

奥卡姆剃刀

生物的复杂构造有了两种解释，一是上帝设计的，二是自然选择累积而成的。我们应该相信哪种解释呢？

假如一个问题不止有一种可能的解释，我们在选择正确答案的时候，有一条经验法则可以借鉴……

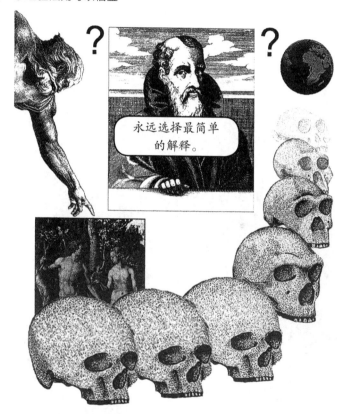

永远选择最简单的解释。

这个原理被称作"奥卡姆剃刀原理"，出自**奥卡姆的威廉**（约1285—1349）。与神创论相比，自然选择理论是一种简单得多的解释，因为它要求我们接受的内容都是我们本来就知道的事。自然选择只需要前面讲过的三个条件，仅此而已，不需要拥有超自然力量的神。

没必要那样假设

奥卡姆剃刀原理告诉我们，哪种解释更简单就选哪种。自然选择理论比神创论更简单，因为它只涉及我们能够看到的事物。因此，我们应该用自然选择来解释生物构造，而不采用神创论。

理论上讲，这并没有否定上帝的存在。但是这的确推翻了关于上帝的一个强有力的证据。法国数学家**皮埃尔·西蒙·拉普拉斯**（1749—1827）的回答，在今天看来仍然再正确不过。

讲到这里都还好。这是关于自然选择的理论论证。那么，关于自然选择的具体实证呢？我们能实际看到它发挥作用吗？

看得见的自然选择

是的，能看到。蝴蝶的故事就是一个很好的例子。这不是纯粹虚构的故事。几乎是同样的事情的确在现实中又发生了，只不过主角不是蝴蝶，而是蛾子，它们的颜色也稍有不同，但其他基本情况都一样。这是一种桦尺蛾（*Biston betularia*），栖息在英国。工业革命前，这种蛾子都是带斑点的浅颜色。

工业革命到来后，树木被污染熏黑了……

不久，蛾子的颜色也变深了。

1848年，有人在曼彻斯特附近第一次发现了深色的桦尺蛾。一百年过后，污染地区的深色蛾子占到了整个种群的90%。在没有工业污染的地方，蛾子大都依然是浅色。所以，自然选择不仅有理论论据，也有直接证据。

进一步深入了解遗传

我们知道了达尔文危险思想的主要内容，现在可以再深入一步，更加详细地了解自然选择的三个条件。（开始之前，先想想你是否还记得这三个条件是什么，再回到第 25 页看看你记得对不对。）

自然选择的第一个条件是，要有一个具备个体复制能力的群体。动物和植物的复制方式就是繁殖。后代与父母相像，所以说是"复制品"。猴子会生下猴子宝宝，不会生下人类宝宝。

就连达尔文也没法解释为什么孩子大都像父母。不过，现在我们知道原因了。我们知道了一点达尔文当年不知道的东西：基因。

基因

基因是脱氧核糖核酸（DNA）片段。我们身体里的每一个细胞都包含很多 DNA。DNA 是一种复杂分子，由四种碱基构成——腺嘌呤、胞嘧啶、鸟嘌呤和胸腺嘧啶（缩写分别为 A、C、G 和 T）。这些碱基排成长长的链条，其排列顺序至关重要，因为不同的顺序定义了不同的蛋白质。

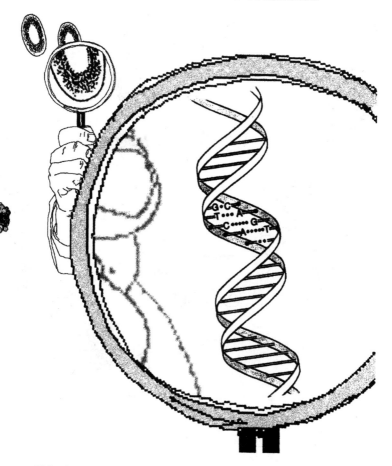

蛋白质是组成动物和植物的关键成分。它们就像基础部件，从细胞直至整个有机体的构建，都有它们的参与。

蛋白质的功能

　　每一个基因都是一段特定的碱基序列，指导某一种蛋白质的合成。不同物种的身体各不相同，因为它们的蛋白质不同，或蛋白质的排列顺序不同，或二者兼而有之。

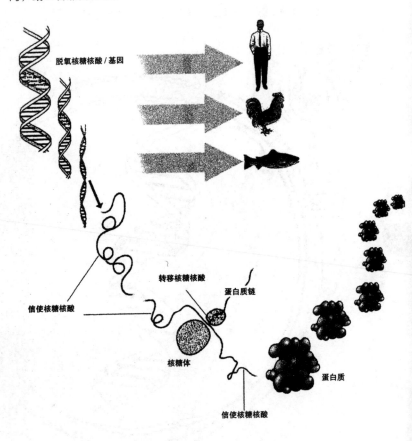

脱氧核糖核酸／基因

转移核糖核酸

蛋白质链

信使核糖核酸

核糖体

蛋白质

信使核糖核酸

　　动物的基因里包含的信息，明确规定了其体内的蛋白质种类及其排列顺序。

成长

　　每一个动物或植物个体，在生命之初都是一个细胞。要想长成成体，这个细胞首先必须一分为二（这一过程叫**有丝分裂**）。

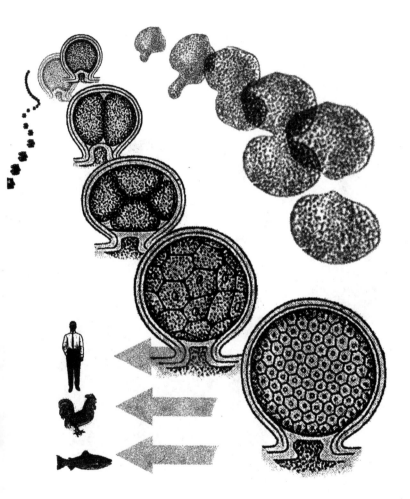

　　然后，分裂出来的两个细胞再各自一分为二，就这样不断分裂下去，直到数以兆计的细胞构成一个成体，比如一个成年人或一只成年的猴子。

生长与特化细胞

个体的生长不是单纯的细胞分裂。细胞除了分裂、增殖，还必须特化。成年人的身体由多种细胞构成，包括皮肤细胞、脑细胞、肌细胞等等。

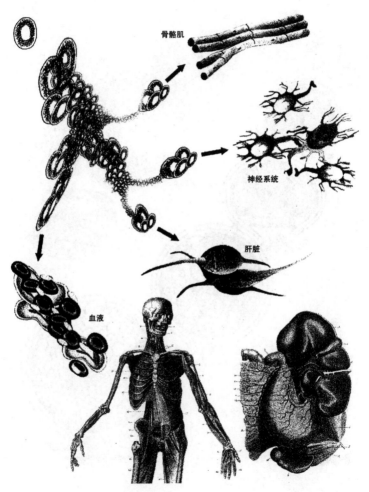

骨骼肌

神经系统

肝脏

血液

不过，细胞在初始时并没有特化。它叫作干细胞，有可能分化成任何一种细胞。

基因与成长

为了变成发育完全的成体，成长中的生物必须按照正确的顺序、正确的种类生成细胞。

当然，这种不同是相对的。人与猴有差别，但是没有人与香蕉的差别那么大。这是因为人与猴有很多相同的基因，而人与香蕉相同的基因没有那么多。

基因与环境

随便选两个人做一个对比。他们在很多方面都很相像，因为两人有很多相同的基因，但同时，他们又不是完全一样。

两人之间的部分差异，源于他们有一些不同的基因。

另一部分差异产生的原因是，他们在**不同的环境**里长大。

成长发育不是纯粹由基因左右的，而是基因与环境因素**共同**影响的结果。

同卵双胞胎虽然被形容为"一模一样"，其实从来不是百分之百一样。双胞胎之间的差异，没法归因于基因的差异，因为他们拥有相同的基因。所以，一定是环境的差异造成了双胞胎之间的所有差异。

变异或不准确的复制

自然选择的第二个条件是，复制过程并非完美无缺。起码有些时候，后代总归会在某个方面与父母不一样。

在自然界很容易看到这种现象。偶尔，有人天生全身覆满毛发。有时候，一只羊生下来有两个脑袋。

有些差别是基因导致的。我们的基因通常都是从父母那里忠实复制而来。一半来自父亲，一半来自母亲。但是，偶尔会有一个基因在复制时出了错。这样诞生的下一代，就拥有了一个父母双方都没有的新基因。这叫作**基因突变**。

没有变异就没有进化

假如从来没有基因突变，那么就不会有进化，不会有自然选择。每一个生命体都会是父母的完美复制品，而各个物种真的会固定不变。正是因为偶尔出现的复制错误，生物才能随着时间的推移逐渐改变，适应新的环境。

如果所有的基因突变都属于这一类，自然选择就不可能发生。自然选择的第三个条件规定，复制错误必须对后代的繁殖能力构成影响。

随机漂变

假如所有变异都是中性的，那就不会有自然选择，但可能有进化。随着时间的推移，动物种群仍有可能改变。对生物的生存及繁殖能力没有影响的基因，仍可能因为偶然因素在种群里变得越来越普遍或越来越稀少。

随机漂变的存在说明，自然选择不是推动进化的唯一力量。除了基因对生存及生育的影响，还有其他因素可能改变基因的出现概率。

适应与自然选择

关于自然选择对进化而言到底有多重要，进化生物学家意见不一。有些人认为这是进化历程中最重要的力量。另一些人认为，随机漂变起码与自然选择同等重要。

哪一方说得对呢？这要看你怎么定义"最重要的力量"。生物在进化中的变化有多种不同的衡量方法，按某些方法来看，随机漂变的确是很强大的一种力量。但是有一点非常明确……

唯有累积的自然选择这一种力量，才能够创造出眼睛或心脏之类的复杂构造。

适应性特征无法由随机漂变产生。

并非一切都是适应

　　生物并不完全是由适应性特征综合而成。任何一种生物都有许多身体特征，是其他适应性变化的副产品，或者是随机漂变的产物。比如，我们骨骼的白颜色就不是适应的结果——这种颜色没有特别的作用。

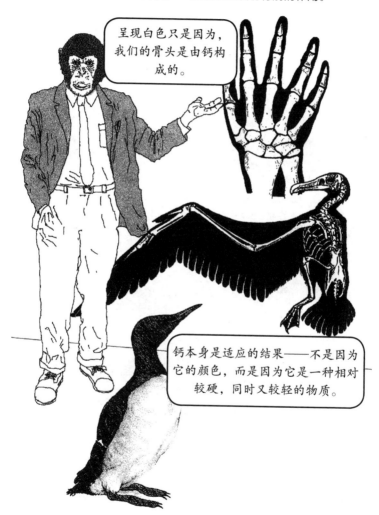

呈现白色只是因为，我们的骨头是由钙构成的。

钙本身是适应的结果——不是因为它的颜色，而是因为它是一种相对较硬，同时又较轻的物质。

适应预测

有时很难确定，一种特征是自然选择构建的适应性特征，还是只是一种副产品。我们能用什么办法找到正确的答案呢？在这个问题上，有几个标准可以帮我们做出判断。其中最实用的一种，是**适应预测**。

适应预测的思路如下：如果推测认为个体呈现的某一特征对其生存或生育有助益，且推测与证据相符，就说明这一特征更有可能是适应性特征，而非副产品。

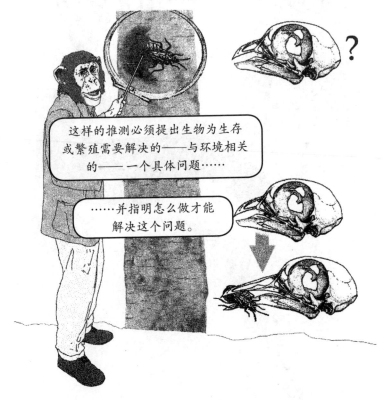

这样的推测必须提出生物为生存或繁殖需要解决的——与环境相关的——一个具体问题……

……并指明怎么做才能解决这个问题。

如果该特征具备解决问题所需的要素，那么它就有可能是一个适应性特征。

有利的突变非常少

大多数非中性的突变都是不利的，它们会导致生物朝着生存及繁殖概率降低的方向发展。这样的变异不大可能被传给下一代。自然选择会把它们清除。

有利的突变非常少，因为凡是复杂的设计，不管是一件人工制品还是某种生物，总归会有很多方法把它越改越糟，比越改越好的方法多得多。

就拿一块手表来说，想想有多少改动的可能性。

> 你可以把其中一个弹簧调得稍稍硬一点或软一点。

> 或者把一个轮齿变得稍稍大一点或小一点。

手表本身已是设计精良，大多数修改只会把它改得更糟。但另一方面，手表并不完美，因此也许会有一两个小改动把它变得更好。

突变纯属随机

做钟表的匠人工作时当然不是随机做出改动。一般情况下，他不会盲目地取出弹簧或轮齿，随便用某个老办法调一调，看看会有什么结果。

不，在动手调整之前，他会认真思考怎么改能让这块表变得更好。

进化却很不一样。我们在前面看到过，自然选择不像一般的钟表匠，而更像盲目的钟表匠。

任何物种不时出现的突变都是纯粹随机的变异。一种突变即使是有利的，也不会因此就有更多出现的可能性。

我们已经在蝴蝶的故事里看到过实证。树枝在污染笼罩下变得灰暗，对蝴蝶来说，浅色没用了，最好的保护色是灰色。

不过，这并没有突然之间导致大批灰色的蝴蝶降生。

我们需要等一个随机的复制错误出现。

复制错误倒是不时出现，但很多都是把情况变得更糟，而不是更好。

设计的累积

一个这么随机的变化竟能引发出如此复杂的设计，这好像有点矛盾。其实虽说是随机，其中随机的部分仅仅是突变的产生。有利变异的维护可**不是**随机的。显然，只有有利的变异会被保存下来。

这个过程不需要任何神的指导就能完成。

一个突变如果能让生物朝着某个方向发展，从而提高其生存和繁殖的概率，那么它很有可能被传给下一代。

自然选择青睐这种难得一见的有利变异。正因为有利的变异得到保护，设计的累积才得以延续。

基因的视角

关于突变能否传给下一代的诸多讨论，为我们提供了一个审视进化的新角度。除了某个物种**肉眼可见的**外观变化，我们也可以通过**肉眼不可见的**基因出现频率的变化，来理解进化。

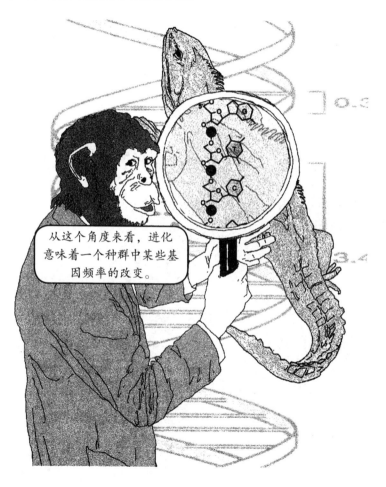

在一代代延续的过程中，有些基因越来越普遍，另一些出现的频率却是渐渐减少，最终被彻底淘汰出种群。

自私的基因

　　理查德·道金斯还建议我们这样来看基因：每一个基因都"力争"在种群里更加频繁地出现。这当然只是一个比喻。

基因自己没有任何愿望！但从这个角度来看有助于理解基因。

试着想象一下：你是虎群里的一个基因。

　　你想复制出更多的自己散播到这个群体里。你只有这一个愿望（你非常自私）。那么，你该如何达成这个目标呢？

也许你能构建更锋利的牙齿，或是能打造更强健的肌肉，让老虎跑得更快。不管怎样，总之结果能帮助老虎活得更长久。

寿命更长的老虎，产下的后代更多……

……可以复制更多锋利牙齿或强健肌肉的基因传给后代。

这样一来，这个基因也就实现了在种群里传播更多自身拷贝的"目标"。

利他行为

或许表面看来，一个基因要想在种群里扩散，唯一有效的办法就是，构建仅仅对拥有者有利的适应性特征，比如牙齿或肌肉。

可是，实际情况并不是这样。虽说对基因的最佳形容是"自私"——全部的努力都是为了复制更多的自己——但有时候，为了实现自私的目标，它们会构建有利于**其他**个体，而非仅利于自身所在个体的特征。

生物的利他行为很普遍

　　生物学对利他行为的定义只关注效果，不关注动机。在一般心理学对利他的定义中，动机非常重要，生物学定义却不一样，并不关心个体因为什么做出利他行为。

　　在自然界，生物学意义上的利他行为很普遍。举一个很容易观察到的例子是，许多群居动物都会在发现天敌时发出叫声，来警告其他个体。

这种行为通常被视为利他，因为警告声帮助了其他动物……

……让我能迅速逃跑，躲开天敌！

可是，这让发出叫声的动物付出了代价……

因为叫声吸引了天敌的注意力，发出叫声的动物更有可能被天敌当作攻击目标。

亲代养育

　　还有一个明显的例子是父母对后代的养育。鸟类和哺乳动物往往会投入很长时间养育它们的孩子。

　　蜜蜂蜇了敌人之后就会死掉，但它们用自己的生命保护了同伴。

利他之谜有了答案

很多年里，自然界广泛存在的利他行为一直让生物学家很困惑。以一个自私的基因来说，这尤其是个难解的谜。如果它让自己的携带者做出**利他**的事，它又怎么能实现**自私**的目标，在基因库里更频繁地出现呢？

答案简单得有点出乎意料。一个基因让携带者做出有利于其他个体的行为，只要**这种利他行为的对象是携带同样基因的其他个体**，它依然可以在种群里传播。

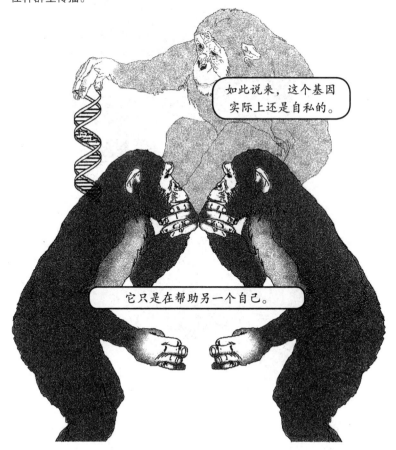

如此说来，这个基因实际上还是自私的。

它只是在帮助另一个自己。

思想实验

思想实验可以帮助我们更好地理解这个观点。想象一下：你是一个原始人，你找到了一棵结满果子的树。你该把这个消息告诉其他人吗？

那样他们就能有吃的，能活下来。但相比隐瞒，你自己的食物就变少了，断粮和饿死的可能性也会随之增加。

我们再从基因的角度来看看这件事。假如你是原始人身体里的一个自私的基因，你唯一的愿望就是全力复制自己，越多越好。那么，你该让这个原始人做出自私还是利他的选择？

按照自私基因理论，你应该让这个人对携带同样基因的其他原始人表现出利他倾向。

如果拥有同样基因的原始人知道了果树的消息，活下来并生育后代的概率就会提高。

这个基因将遗传给他们的孩子，从而在种群里传播。

自私基因的两个条件

自私基因的理论要想成立，需要满足两个条件：

1. 生物个体必须能从某种方式识别携带或未携带同样基因的其他个体.

2. 基因必须……

……能够影响个体的某些行为特性，如自私或利他。

我们可以再用一个思想实验，来说明这两个条件。

绿胡子效应

假设有一个基因能让人长出绿色的胡子，而没有这个基因的人绝不会长绿胡子。在这种情况下，两个长着绿胡子的人相遇时，一下子就能看出对方跟自己拥有同样的"绿胡子"基因。第一个条件满足了。

再假设绿胡子基因还有一个作用。

它不仅能让人长出绿胡子，还能让人对其他有绿胡子的人表现出利他倾向。

这样，第二个条件就满足了。

这个绿胡子基因虽然会让个体产生利他行为，但它仍是一个自私的基因。它实际上是在帮助自己的其他拷贝。

绿胡子的故事当然只是假想（是理查德·道金斯想出来的）。我们没在自然界发现过绿色的胡子，但可以找到故事诠释的两个条件。

基因会影响个体行为吗？

有些人反对基因能影响行为的观点。但不管我们乐不乐意，事实是基因的确会影响我们的行为。

针对数十种生物——从小鼠、大鼠到犬类，再到人类——进行的数百项研究提供了强有力的证据，证明**个体之间**的基因差异，的确能够导致个体的行为产生差异。

075

基因决定论

基因影响个体行为的观点不同于"基因决定论"。这并不是说每一只缺少这种基因的老鼠，一定比具备这种基因的老鼠更凶悍。事实不是这样。基因会对行为产生一定的影响，而不是绝对的影响。但只要有这样的影响，自私基因理论就足以成立。

自私基因理论并没有说，动物的行为完全由基因决定。

它只是认为基因对行为有一些影响。

生物知道其他个体拥有的基因吗？

　　自私基因对利他行为的解释要想成立，前提条件之一就是，个体必须能够辨别谁拥有与自己相同的基因。

　　以绿胡子基因来讲，只有长着绿胡子的人具备这种能力。如果有人（和自己一样）拥有绿胡子基因，他们只需看一眼就能知道。

这个基因会赋予其携带者一个非常鲜明的特征，而没有这个基因的人绝不会有同样的特征。

不过，这种情况在自然界极其罕见。

　　一般情况下，生物需要另想办法辨别其他个体是否拥有相同的基因。

亲缘选择

要想知道其他个体是否拥有与自己相同的基因，一个简单的办法就是，搞清楚对方是否与自己有很近的亲缘关系。

英国生物学家**比尔·汉密尔顿**（1936—2000）根据这一观察结果提出，只要针对的对象是与自己亲缘关系很近的个体，动物就会表现出利他倾向。这被称为**亲缘选择**理论。

血浓于水

汉密尔顿在 20 世纪 60 年代初提出了亲缘选择理论，之后，生物学研究者找到了许多支持这一理论的证据。他们列举的绝大部分利他行为，都出现在血缘关系很近的个体之间。

像亲代养育这种行为，顾名思义，就是发生在血亲之间。那么，报警呼叫、自我牺牲之类的行为呢？这些按说是**没有**深厚亲缘关系的动物也能做到的事。

另外，经常牺牲自我以帮助其他个体的动物，只有蜜蜂等社会性昆虫。它们集群生活，群体里的所有成员都有**非常**近的血缘关系。

关于利他行为的另一理论

　　关于利他行为的发生，美国生物学家**罗伯特·特里弗斯**（1943— ）在 1973 年提出了另一种理论。他认为，如果动物能以某种方式选择利他行为的对象，专门选择那些有望给予回报的个体，那么利他行为就可能受到自然选择的青睐。这一观点被称为"互惠利他"理论。

　　这其实是一个高难度的要求。你怎么能知道对方会不会报恩？万一判断错误，你就白白被骗了。

一报还一报

20 世纪 80 年代初，一位名叫**罗伯特·阿克塞尔罗德**（1943— ）的美国政治学家证明，有一个简单的办法可以帮你避免频繁被骗，就是先假定对方过去怎么做，现在就会怎么做。如果对方上次回报了你，这次可能仍会回报你，反过来也是一样。

有了这种预设，那么对方怎么待你，你也用同样的方式对待就好了。

如果你不认识对方，那就姑且先相信一次，假定自己会得到回报。

如果对方回报了你，往后你还可以继续伸出援手。如果某一天，对方不再给予回报，那么你也不要再提供任何帮助。这种策略被称为"一报还一报"。

互惠利他很少见

　　"一报还一报"是一种非常简单的策略，但依然需要很高的智能。你不仅要有能力认出以前见过的个体，还必须记住每个个体以前是怎样对待你的。这只有大脑足够大的动物才能做到。

　　就互惠利他而言，有来有往是最合理的基础条件，这样看来这种行为不大可能在自然界普遍存在。大多数生物利他行为的产生似乎都是因为亲缘选择，而不是互惠。

雄孔雀的尾巴

困扰早期进化生物学家的问题，不只是动物的利他表现。雄孔雀的尾巴也是一个问题。这种装饰性的东西到底有什么用？它明明不利于求生，怎么可能被自然选择选中呢？巨大、艳丽的尾巴会引来天敌，还会增加逃跑的难度。而且，尾羽里容易滋生寄生虫，很难保持干净。

我解答了这个问题，我认为漂亮的尾巴对雄孔雀求偶有帮助。

巨大、艳丽的尾巴会引起天敌的注意，但也会引起异性的注意。

雌孔雀喜欢尾巴又大又鲜艳的雄孔雀。

所以，尾巴小而灰暗的雄孔雀虽然活得更长，但是不会留下后代。过不了多久，灰暗小尾巴的基因就会消失了。

雌孔雀为什么喜欢大尾巴？

达尔文解释了雄孔雀的尾巴为什么又大又鲜艳，他的依据是雌孔雀偏爱这样的尾巴。事实上，雌孔雀的确有这样的偏好。要是给雄孔雀装上更大、更鲜艳的假尾巴，雌孔雀更是会神魂颠倒！

可是，雌孔雀为什么会有这样的偏好？有生物学家认为，形成这种偏好的原因是这能帮助雌孔雀选出最健康的交配对象，从而产下健康的后代。

除非雄孔雀身体很好，不然长不出又大又鲜艳的尾巴。

身体不太好的雄孔雀，尾巴也没那么漂亮。

雄孔雀的尾巴忠实反映了它的身体状况，熟悉这个标志的雌孔雀于是有了一个好方法，可以借此区分身体健康或不健康的雄性。

从雄孔雀尾巴的例子可以看出，自然选择不仅仅涉及生存，还有繁殖。假如一个个体活了 1000 年，但没有后代，那么从基因的角度来说，这个个体从出生就没有必要活着。

所以在有性繁殖的生物当中，我们可以看到两种类型的适应。

除了帮助动物求生的适应性改变——比如尖利的牙齿和强有力的肌肉……

我们还发现，有些适应是为了帮助动物求偶（也有一部分适应二者兼具）。

自然选择与性选择

一种适应如果是专为求偶而产生的，像雄孔雀的尾巴这样，生物学家会将其归为**性选择**引发的适应。

雌性的选择与雄性的竞争

性选择引发的适应性变化主要有两种。一种是"为求偶"产生的适应，比如雄孔雀的尾巴。其作用是迎合异性的喜好，从而赢得对方的青睐。

不过，求偶不单单是等着被选中，有时也需要去打败竞争对手。

性选择的产物并非全都是雄孔雀尾巴这样的漂亮装饰……

还有一部分是尖角、鹿角之类，可以用来阻止竞争对手抢先一步。

性选择带来的两类适应主要体现在雄性身上。雌性是做选择的一方，所以不需要高昂代价换来的装饰和武器，而雄性需要靠这些去争取异性或击退对手。

失控过程

性选择有可能引发所谓的"失控过程"。假如雌孔雀喜欢的不是特定大小的尾巴，而是一眼望去最大的尾巴，那么一代代繁衍下去，雄孔雀的尾巴会越来越大。

显然，这种趋势发展到某个时候肯定会停下来。

迟早有一天，即使能吸引大群的雌孔雀，这点优势也不足以抵消硕大尾巴造成的不便。

装备竞赛

性选择不是进化失控的唯一原因。当两个物种陷入"装备竞赛"时，也可能发生类似的事情。比如说有两种动物，其中一种是另一种最爱吃的猎物。假如捕食的一方长着非常锋利的牙齿，那么被捕食的一方就可能进化出更厚实的皮肤或更坚硬的外壳。

然后，捕食方会进化出更锋利的牙齿。

而被捕食方因此进化出再厚实一点的皮肤。

就这样层层升级……

抗生素的装备竞赛

有一个例子可以很好地说明这种装备竞赛，就是一些细菌对抗生素产生的不断升级的耐药性。20 世纪中期以来，世界各地的医生一直在不断加大抗生素的使用剂量。

这场装备竞赛的结果就是，现在有些病菌的菌株对所有已知的抗生素产生了耐药性，因此无药可治。有人认为，这些"超级细菌"对人类构成了巨大的威胁。

共同进化

　　当两种生物一前一后地相伴进化，一种发生变化会引起另一种也发生变化，后者的变化又反过来引起前者的进一步变化，生物学家把这种现象称为"共同进化"。装备竞赛是共同进化的一种。但共同进化不一定非要有冲突。双方也可以合作。

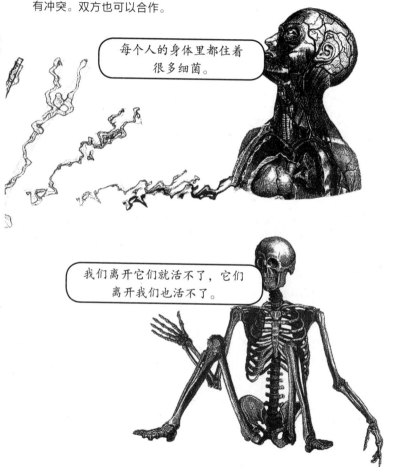

> 每个人的身体里都住着
> 很多细菌。

> 我们离开它们就活不了，它们
> 离开我们也活不了。

　　它们与人类以一种合作的关系共同进化，生物学家称之为"互利共生"。

真核生物的起源

有时候，当两种生物以合作的形式共同进化，双方会变得极度相互依存，最终融合成了一个物种。大约 18 亿年前，真核生物在进化之初可能就是这种情况。

生物学家把地球上所有的生物划分为两大"总界"，真核生物是其中的一个。另一个叫作原核生物。

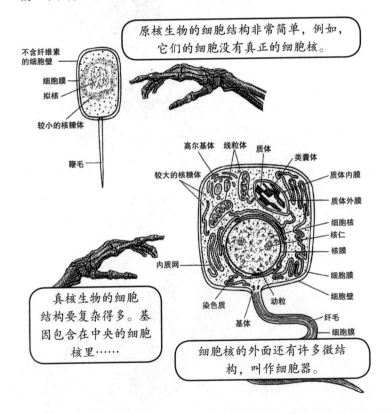

原核生物的细胞结构非常简单，例如，它们的细胞没有真正的细胞核。

不含纤维素的细胞壁
细胞膜
拟核
较小的核糖体
鞭毛

高尔基体　线粒体　质体
较大的核糖体
类囊体
质体内膜
质体外膜
细胞核
核仁
核膜
内质网
细胞膜
细胞壁
染色质
基体
动粒
纤毛
细胞膜

真核生物的细胞结构要复杂得多。基因包含在中央的细胞核里……

细胞核的外面还有许多微结构，叫作细胞器。

所有真核细胞里都有一些小小的细胞器，叫线粒体。它们为细胞的其他部分提供能量。如今多数生物学家认为，线粒体曾经是独立的原核细胞，后来放弃了自主的生活，成为另一种生物的一个组成部分。

其他不同

除细胞结构之外，原核生物和真核生物还有许多不同点。其中之一是大小。所有的原核生物都是单细胞生物。真核生物也有一部分是单细胞生物。

原核生物　　　　　　　　　　　　真核生物

但是所有的多细胞生物，都是真核生物。

另一个不同是所有原核生物都是无性繁殖，而许多真核生物都是有性繁殖。

谈谈性的问题

对于生物学研究者，性的问题就是如何繁殖后代的问题。所有生物都会复制自己（即产下后代），但并非所有生物都是靠两性结合来完成这件事。

单性生殖

无性繁殖是由一个亲代产出一个新的细胞，这个细胞不需要经过受精，自己就可以发育成新的个体。这种方式叫作**孤雌生殖**，也叫"单性生殖"。

许多单细胞生物都是无性繁殖。

许多昆虫都是孤雌生殖，一部分爬行动物也是如此。

在植物当中，单性生殖更是普遍。

比如，大部分蒲公英和黑莓都不需要两性结合就能繁殖。

克隆与遗传差异

一种生物如果是无性繁殖，那么每一个后代都拥有与亲代完全相同的基因（偶尔的基因突变除外）。换句话说，每一个后代都是亲代的克隆体。

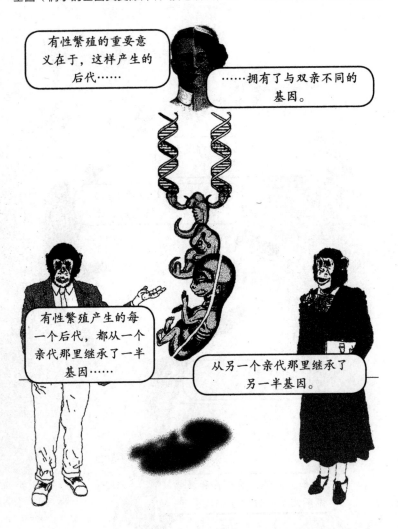

这样一来，新的个体拥有全新的基因组合，与父母双方都不一样。

减数分裂与配子

以现今大部分有性繁殖的生物来说，结合形成受精卵的两个细胞（两个亲代各提供一个）与双亲的其他细胞不一样。亲代的大多数细胞都有两组基因。细胞在发育过程中发生有丝分裂，新生成的每个细胞通常都有复制的两组基因。

不过，细胞分裂并非都是有丝分裂。

还有一种方式叫作**减数分裂**，每个新生成的细胞只得到一组基因。

有丝分裂

减数分裂

这些细胞就是生殖细胞，或者叫配子。

配子诞生后就被储存起来，等以后在有性生殖过程中发挥作用。

在受精的一刻，来自不同个体的两个配子结合成一个新的细胞——受精卵——成为新个体的第一个细胞。受精卵有两组基因，双亲各提供了一组。

雄性和雌性

有性繁殖一定要由两个亲代来完成，但两个亲代并不一定是两个性别。两个明确的性别——雄性和雌性——是在生物进化出有性繁殖之后，才进化出来的。

在生物学家眼里，两性之间的根本差异在于配子（即结合形成受精卵的生殖细胞）。

产生能够四处活动的较小配子（即精子）的生物为雄性。

产生活动能力有限的较大配子（即卵子）的生物为雌性。

一般概念里的各种两性差异——比如阴茎、阴道、乳房、胡须——其实从本质上讲，全都是精子与卵子的根本性差异造成的结果。

同配生殖与异配生殖

最初的有性生殖是**同配生殖**，也就是说，这些生物产生的配子全部都是同一大小。

许多单细胞生物至今仍是同配生殖。但大部分多细胞生物都是**异配生殖**，也就是有两种性别的个体产生不同种类的配子。

性的代价

最初进化出来的生物都是无性繁殖的，但现在大多数生物都是有性繁殖的，这似乎表明两性结合传递了某种优势。

很多生物学家都想知道：这种优势到底是什么？

从自私基因的角度来看……

两性结合似乎不是一个好主意。

如果你是无性繁殖，那么后代的全部基因都来自你。但如果是有性繁殖，后代的基因只有一半继承自你。所以，有性繁殖把基因传递给下一代的概率降低了一半！作为自私的基因，为什么会容忍这种事呢？

性的优势是什么？

在这个问题上，生物学界意见不一。有一种观点认为，两性结合可以让不利的变异尽快被清除。在无性繁殖的生物当中，假如一个个体出现不利的基因突变，其后代无一例外都将继承这个变异。这样一代代繁衍下去，不利变异会逐渐积累，最终可能导致整个族群灭绝。

因此好基因接受了这种安排，虽然被传给下一代的机会少了一点，但是与其他好基因一起世代传递下去的机会多了一点。

家族交换

另一种观点认为，两性结合加快了有利变异的积累。在无性繁殖的生物中，有利变异要汇集到同一个个体上，就必须出现在同一家族中，一个一个地累积起来。

在有性繁殖的生物中，有利变异即使出现在不同家族里，最终也可以汇集到同一个个体上。

两性结合实现了不同家族间的基因交换。

生殖隔离

有时候一个精子遇上了一个卵子，却无法与之结合。这样就无法孕育出下一代。提供精子的雄性和提供卵子的雌性无法成为父母。

如果来自不同群体的个体永远无法孕育出后代……

……这两个群体之间就存在"生殖隔离"。

这两个群体可以说拥有彼此独立的"基因池"，因为它们相互之间无法交换基因。

基因池

基因池是一个有性生殖的群体在一个特定时间里的全部基因总和。称之为"池"的原因是现在不同个体的基因,(因为两性结合的关系)将来有可能汇集在同一个个体身上。每当一个新的个体出生,就像是用水桶从基因池里打起一桶水,由此形成一个新的基因组合。

在无性繁殖的生物中,不同个体的基因绝不可能在将来同时出现在同一个个体身上,除非它们进化出有性繁殖。

生物种概念

根据"生物种概念"的定义，一个物种是能够相互交配繁殖的一群生物。从这个角度来说，如果两个群体之间存在生殖隔离（各有各的基因池），那么它们就构成了两个不同的物种。

与基因池的概念一样，"生物种概念"只适用于有性繁殖的物种。无性繁殖的物种从不"相互交配"，因此必须另找一种适用于它们的物种定义。定义一个物种的方式不止一种。

表型种概念

根据"表型种概念"的定义，一个物种是彼此相似且明显不同于其他群体的一群动物。这个定义有很多问题，因为"相似"的概念实在太模糊。

毕竟，我们在辨认某个生物属于什么物种时，一般都是看它的外表。比如说，假如看到一只鸟长着色彩鲜艳的大尾巴，上面还有两个眼睛似的斑斓图案，我们就知道这是一只孔雀，而不是知更鸟。

物种形成

物种形成是指新物种诞生的过程。至于什么样的生物可以算是"新物种",那还要看你怎么定义"物种"。

按照生物种概念……

当一个相互交配繁殖的群体分裂为两个子群,且两个子群之间存在生殖隔离,这就表明一个新的物种诞生了。

正如生物种概念仅适用于有性繁殖的生物,在这一概念基础上提出的物种形成定义也有同样的局限性。

按照表型种概念……

当一群彼此相似的生物分裂为两个子群,且两个子群的个体在外表或行为或基因上存在明显差异,这就表明一个新的物种诞生了。

分裂

定义物种形成的两种方式有一个共同点，就是都涉及分裂。当一个物种分裂为两个子群，必定会有新的物种产生。两种定义的不同之处仅在于，我们以什么标准区分两个物种。

任何时候谈到物种形成，都应该先明确我们所依据的物种定义是哪一个。

要理解进化为什么能产生新的物种，我们首先要弄明白"物种"这个词是什么意思。

我们以生物种概念来举一个例子，看看一群相互交配繁殖的生物如何在进化的推动下，分裂成两个彼此之间存在生殖隔离的子群。

这种情况的发生可以是因为地理隔离。假设有一群老鼠在一个大山谷里快乐地生活。它们之间都可以交配繁殖，所以全部属于同一个物种。

此后几百年，这两群老鼠一直因为地理条件分隔两地，以稍稍不同的方式各自进化。

异地种分化

然后，有一天，水干了，两群老鼠重逢了。这时它们已经变得很不一样，彼此间已经无法交配繁殖。

可能是两边的雄性对另一方的雌性没兴趣。

也可能是两边的雄配子无法在另一方雌性的生殖系统里存活。

不管两边老鼠无法交配的具体原因是什么……

总之，事实就是它们之间形成了生殖隔离。

按照生物种概念，这就意味着两群老鼠现在明确构成了两个物种。原本只有一个，现在变成了两个。像故事里这种情况，因地理隔离而形成新的物种被称作**异地种分化**。

类别有高低

物种是划分生物的首要方式。为了将各种生物归类，生物学家还确定了高低不等的类别。在"种"这一级下面，生物学家又划出了各有不同的变种，也就是亚种。不同的变种同属一个物种，因为它们之间可以交配繁殖，但又各自有一些鲜明的特征。

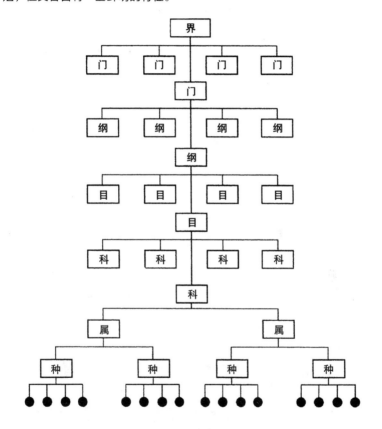

在"种"这一级的上面，生物学家确定了一系列更高的类别。首先，多个种被归入同一"属"。多个属被归入同一"科"。多个科归在一起构成一个"目"。多个目构成一个"纲"。多个纲构成一个"门"。多个门又构成一个"界"。

各种各样的狗

举例来讲，各种各样的家犬（基本上）都属于同一种：*Canis canis*（犬）。这个拉丁文名称的后半部分代表"种"，前半部分是"属"。犬属还包括其他种的动物，比如狼（*Canis lupus*）和亚洲胡狼（*Canis aureus*）。

犬属动物与另外几个属的动物，比如狐属（*Vulpes*），共同构成了犬科（*Canidae*）。犬科属于食肉目（*Carnivora*），食肉目归在哺乳纲（*Mammalia*）下面，哺乳纲是脊索动物门（*Chordata*）的一个组成部分，而脊索动物门是动物界（*Animalia*）的一个组成部分。

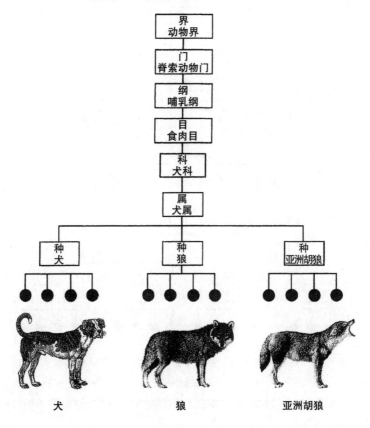

总界和域

由界再往上的类别是什么？等级最高的是什么？过去的观点认为，总界就是最高的类别。我们在前面看到过，总界有两个：原核生物和真核生物（参见 92 及 93 页）。

总界

1. 原核生物 2. 真核生物

域

古细菌 —— 真核生物   细菌

不过，现在大多数生物学家认为，最高类别是"域"。

域有三个：古细菌、细菌、真核生物。

古细菌是非常原始的单细胞生物，通常栖息在极端环境里，如海底热泉区和地下的炽热岩石。

这两种答案其实区别不大，因为古细菌和细菌都属于原核生物。唯一的不同在于，域的进化顺序。

哪个是最高类别

如果说总界是最高类别，这就意味着在地球生命的进化过程中，第一次物种形成是真核生物脱离了原核生物，自成一个分支。在这之后，原核生物又分化成两支：古细菌和细菌。

认为域是最高类别的人，不同意这种观点。他们认为生命树不是这个样子的。有遗传学证据表明，进化史上第一次分化发生在细菌与另外两类生物之间，在这之后，真核生物才从古细菌中分化出去。

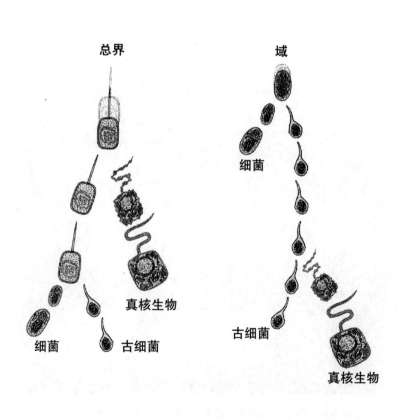

总界

真核生物

细菌　　　　古细菌

域

细菌

古细菌

真核生物

单系群和并系群

　　我们换一种方式来看这两种观点之间的差别。把所有生物归入两个总界，意味着原核生物是一个**单系群**，而把所有生物归入三个域，意味着原核生物有可能是一个**并系群**。

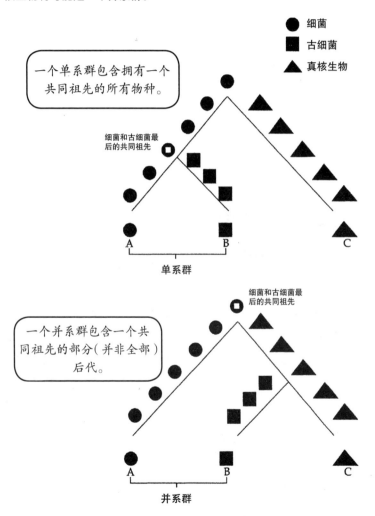

● 细菌

■ 古细菌

▲ 真核生物

一个单系群包含拥有一个共同祖先的所有物种。

细菌和古细菌最后的共同祖先

A　　　　　B　　　　　C

单系群

细菌和古细菌最后的共同祖先

一个并系群包含一个共同祖先的部分（并非全部）后代。

A　　　　　B　　　　　C

并系群

分支学派

分支学派认为，生物学家不应该把并系群用在生物分类中，因为这样会造成物种间的进化关系模糊不清。

按照这一规则，生物学家就要舍弃过去的一些分类方式了。比如说，他们不能再把鱼类单独归到一个单元。

如下图所示，所有哺乳动物和其他四足动物都是从一种叫作肉鳍鱼的鱼进化来的。我们从图中可以看出，"鱼类"这个群是一个并系群，其中包括肉鳍鱼和辐鳍鱼，但不包括四足动物。如果采用分支学派的方法，生物学家就需要重新定义鱼类，或者不再在分类系统中使用"鱼"这个词。

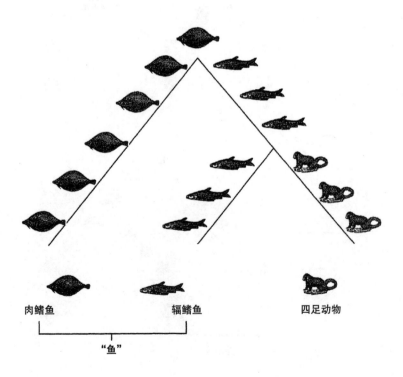

肉鳍鱼　　　　　　　　　辐鳍鱼　　　　　　　　　四足动物

"鱼"

再看生命树

按照分支学派的方法，由种、属、科、目、纲、门、界和总界或域构成的等级分类体系，反映了进化的历史。

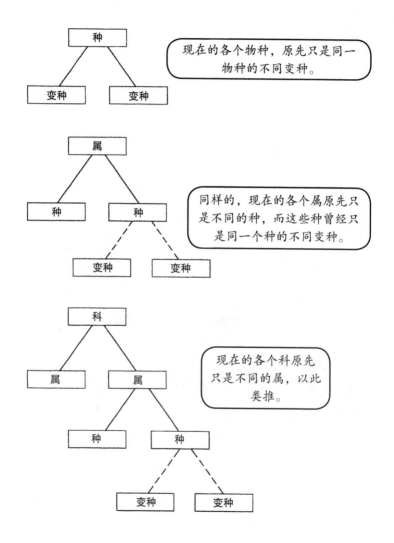

现在的各个物种，原先只是同一物种的不同变种。

同样的，现在的各个属原先只是不同的种，而这些种曾经只是同一个种的不同变种。

现在的各个科原先只是不同的属，以此类推。

生命树的主干

这种观点可以一直向上延伸到最高类别——总界或域。今天我们归类为两个总界或三个域的生物，在很久很久以前只是同一种生物的不同变种。那是地球生命诞生之初，这个星球上的所有生物都属于同一个物种。我们可以将其想象为生命树的主干。

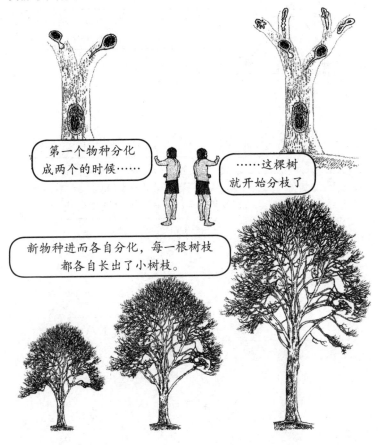

现在地球上的几百万个物种，都是生命树上的小细枝，追根溯源，全都是由同一个古老的祖先进化而来。

生命的起源

可是，第一个物种是从哪里来的呢？地球上的生命最初是怎么出现的？

达尔文几乎没有谈这个问题。

虽然他的著作叫《物种起源》，但其实根本没有讲地球生命的起源。

这本书讲了一个物种如何变成另一个物种，但没有解释第一个生物是如何出现的。

第一个生物不可能诞生自另一个生物。它肯定是源自**无生命**的物质。这怎么可能呢？

温暖的小水塘

《物种起源》出版十几年后，达尔文就生命起源提出过一点想法。在1871年的一封信里，他推测地球生命可能最早出现在……

……某个温暖的小水塘里，那里面有铵盐、磷酸盐、光、热、电等等。

在达尔文推测的基础上，苏联生物化学家**亚历山大·奥帕林**（1894—1980）和苏格兰遗传学家**J.B.S. 霍尔丹**（1892—1964）在20世纪20年代提出，来自阳光紫外线以及雷闪放电的能量，有可能在穿过原始大气时合成了有机化合物。

原始汤

不过，霍尔丹认为这些化合物应该都被冲进了海洋，而不是达尔文的"小水塘"。

那时没有任何生物吃掉这些化合物，因此海洋有可能变稠，类似于稀释的热汤……

1953 年，美国化学家**斯坦利·米勒**（1930—2007）为验证这一观点做了一个实验，让电流穿过一个装有水、甲烷、氨的容器。结果正如预料的那样，各种有机化合物诞生了。这些化合物有可能结合起来形成最初的生物。

海底附近

从这些观点来看，最初的地球生命可能出现在海面附近。但是通过近些年的研究，部分生物学家提出，生物最初出现在海面下方很深的地方，在海底的热泉喷口附近。海底热泉是水下活火山不断喷出高温水柱的地方。

过去人们认为温度这么高的地方不会有生命存在，但现在我们知道，有些生物能在这样的环境里兴旺繁衍。

这些生物被称作**超嗜热菌**，因为它们需要高温环境才能生存。或许，地球上最初的生命就是超嗜热菌。

泛种论

另一种可能性是，地球上最初的生命源自外太空。或许生命先是诞生在另一个星球，然后有一块陨石带着微量的生命元素来到了地球上。这种观点被称为"**泛种论**"，在希腊语里的原意是"所有地方的种子"。

泛种论并不是一个很离谱的假说。虽然听起来像科幻故事，但研究地球生命起源的人认为这的确是一种可能。

我们甚至有望在木星的一颗卫星——木卫二上找到原始细菌。另外，有越来越多的证据表明，火星上曾经有生命存在。科学家在这颗红色星球上发现了一些看似微生物活动留下的痕迹。不过，火星上即使曾有生物繁衍，也都在很久以前灭绝了。

不论地球生命起源于地球还是来自外太空，生物学家都想知道生命究竟是**如何**开始的。

灭绝

　　进化不仅仅是新物种的诞生，还关系到旧物种的消亡，或者说"灭绝"。有很多原因可能导致一个物种灭绝。

　　也许是食物来源消失了，而它们找不到可替代的食物。

　　也许是自然栖息地被毁了，而它们适应新环境的速度不够快。

　　也许是天敌把它们吃光了……

大灭绝

　　在地球生命发展史的大部分时间里，每年的物种数量基本保持着稳定或略有增加。每年都有几个新物种出现，有几个旧物种灭绝。但新物种的数量通常要比灭绝的旧物种略微多一点。

很短的一个时期里，每年有成千上万种生物灭亡。物种数量急剧减少。这种时刻被称为"大灭绝"。

恐龙的末日

地球生命史上有过至少五次生物大灭绝，离我们最近的一次发生在大约 6500 万年前。

据估计，多达 75% 的海洋物种在这场大灭绝中消失了！

各种各样的植物和动物遭遇了灭顶之灾，包括所有的恐龙。

这些称霸地球千百万年的巨兽没有留下后代，唯独鸟类或许算是例外。当你看到鸡或麻雀时，别忘了它的祖先有可能是恐龙。

恐龙为什么会灭绝？

究竟是什么造成了 6500 万年前的大灭绝，致使包括恐龙在内的许许多多生物全部消失？

1980 年，物理学家**路易斯·阿尔瓦雷茨**（1911—1988）提出，一颗小行星撞击地球引发了这场灾难。他的理论只有一个问题：那么大的一颗小行星撞上来，应该会在地球表面留下一个巨大的坑。

可是在 1980 年的地质学界看来，已知的撞击坑要么太小，与计算得出的小行星规模不符……

……要么就是形成年代对不上。

整个 80 年代，找不到撞击坑一直是阿尔瓦雷茨的理论面临的大问题。后来，地质学家在墨西哥的尤卡坦沿海发现了一个埋在沉积物下面的巨型撞击坑。这就是希克苏鲁伯陨石坑，其大小和年代都符合阿尔瓦雷茨的理论。

100 万亿吨 TNT

一颗小行星的撞击为什么能引发一场生物大灭绝？小行星撞击造成的猛烈爆炸相当于 100 万亿吨 TNT 的威力。这样一场大爆炸会掀起笼罩全球的尘烟，一连几年遮天蔽日，直至尘埃落定。

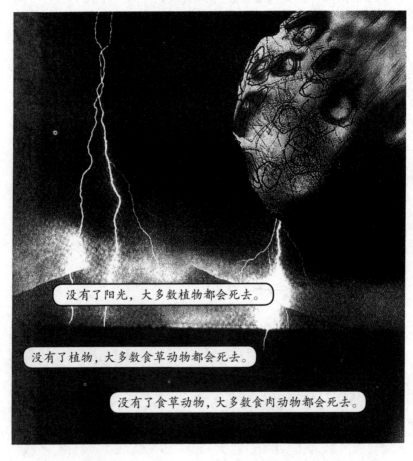

没有了阳光，大多数植物都会死去。

没有了植物，大多数食草动物都会死去。

没有了食草动物，大多数食肉动物都会死去。

就像多米诺骨牌成排倒下，撞击会引发席卷食物链的一连串灾难。较大的小行星还可能带来其他灾难，比如全球变暖、酸雨、火山喷发以及大规模森林火灾。

幸运儿

不过，大灭绝并没有把所有生物一扫而光。有些生物想办法活了下来。在劫后余生的幸运儿当中，有一群不起眼的小动物，模样有点像树鼩。它们就是当今世上所有哺乳动物——包括人类的祖先。

在恐龙主宰地球的时代，早期哺乳动物勉强维持着生存。

如果那颗小行星没有在 6500 万年前撞上地球，很可能现在恐龙还好好地活着，而哺乳动物还在角落里小心翼翼地讨生活。没有小行星这一撞，世上也许不会进化出人类。

第六次大灭绝

生物大灭绝不只是发生在过去。眼下就有一场正在上演。过去几十年里，每年都有数以千计的物种灭绝。生物多样性正急剧下降。

但与前面五次不同，这次大规模灭绝的原因不是小行星，也不是气候的剧烈变化。一种生物——**我们人类**的行为造成了这种局面。

生态灾难

　　人类正在摧毁自然世界。南美洲和东南亚的广袤雨林正在以惊人的速度消失。温室效应导致全球气温上升，两极冰盖融化。城镇越来越多、越来越大，吞噬了周边的乡野。化学废料和核废料污染了江河与海洋。

　　人类数量的增长和不可思议的科技进步，致使成千上万种生物的自然栖息地岌岌可危。一个个生态系统濒临崩溃。

人类的末日

上一次大灭绝带来了恐龙的末日，哺乳动物得以占领地球。当前这次大灭绝中，谁会是牺牲品？谁能够活下来？

那样的话，也算是一种应得的惩罚吧，我们在无意之中把自己推向了灭亡。有人提出，人类逃不过当前的大灭绝，昆虫还是能活下来的。下一个称霸地球的，会是蟑螂吗？

地球是一个巨大的有机体吗？

也许这次大灭绝会终结一切生命。也许人类终将给自然世界带来太多灾难，地球上所有的生物都难逃一劫。

有些人认为，地球不会允许这种情况发生。

把地球想象成一个巨大的有机体是个好想法，但也是一个错误的想法。

有机体是自然选择的成果

　　要说为什么不能把地球看作是一个巨大的有机体，有一个简单的理由可以解释：有机体是经过自然选择设计、能够自我复制的个体。

　　自然选择要求稍有差异、能自我复制的个体之间存在竞争。

　　因此，地球不能被视为有机体。这种比喻容易产生误导，而且只是一厢情愿的想法，没有任何根据。很遗憾，地球上的生物并不是一定会永远繁衍下去，甚至并不一定会长久繁衍。

盖亚

把地球视为一个巨大有机体的观点被称作"盖亚假说"。盖亚在古希腊指"大地之母",这个词由英国学者**詹姆斯·洛夫洛克**(1919—2022)引入现代生物学,指的是一个不同的概念。

洛夫洛克认为,生物进程与气候进程之间存在一些很有意思的反馈机制。这些反馈机制可以把生物和大气活动共同纳入一个具备有限的自我调节能力的系统。

不过,即使是反对其观点的科学家也承认,洛夫洛克的科学假说与不着边际的臆想有天壤之别,完全不同于把地球想象成一个巨大的有机体,会动用一切必要的手段来对抗寄生的人类,保护自己。

致命的物种

有人把当前的生态灾难归罪于新科技，竭力主张大家回到人类与自然和谐共处的时代。可惜，这也是不切实际的谬论。人类向来是一个致命的物种。

在人类出现之前的欧洲、亚洲、南北美洲，有数十种大型陆栖哺乳动物自由自在地生活。现在，剩下的寥寥无几。

如今唯独非洲大陆还有大型动物漫步原野。那里的动物种群有更充裕的时间，进化出应对人类猎杀的办法。新科技或许帮助人类**以更快的速度**摧毁了自然，但其作用仅限于此。我们的祖先没有科技相助，破坏力一样很可观。

近亲相残

被人类推向灭绝的众多动物中，包括几种原始人。原始人最早出现在大约 300 万年前，不像其他灵长动物那样四足行走，而是两足行走，长相与人类很相近。

那些原始人就像我们的祖先在迁徙途中遇到的其他哺乳动物一样，因为人类的成功而灭亡了。

尼安德特人

　　最后一个灭绝的原始人是尼安德特人（*Homo neanderthalensis*）。尼安德特人大约在 30 万年前离开非洲，比我们的祖先早得多。到了大约 5 万年前，我们的祖先到达欧洲时，他们已经在那里生活相当的一段时间。

　　最后的尼安德特人大约在 3.5 万年前生活在西班牙一带。

语言优势

尼安德特人与我们非常像，脑容量和我们的一样大，甚至可能更大一点。但不知什么原因，他们始终没有发展出流传下来的物质文化。另外，他们缺少一种让人类在地球生物中占据压倒性优势的工具：语言。

没人知道我们的祖先具体在什么时候学会了说话。

有人认为大约是在25万年前，也有人认为没那么早，或许只是大约10万年前。但是有一点可以肯定，就是语言帮助人类征服了地球。

高效的信息共享

有了语言，各个群体之间可以互通信息，效率要比其他交流方式高得多。其他灵长动物都是借助声带传递信息。

扩展存储器

语言不仅仅是一个交流系统，它还为我们开拓了全新的思考方式。

文字就像是外存储器，可以连接你的大脑，大幅度提高了大脑的运算能力。

会说话的动物

有些人认为，人类具备语言能力，因此可以完全超越进化形成的本能。比如后现代主义作家，他们的写作风格常常让人觉得，语言就是一切。以这种极端的观点来看，人类生活在一个与自然世界完全割裂的文化世界里。这在某些方面让人联想起英国哲学家**约翰·洛克**（1632—1704）的观点，他提出人的心智就像一块"空白的写字板"，不同文化可以在上面任意"书写"。

进化论并不否认人类个体的发展灵活多样。

但个体发展也遵循强大的规律。

不然的话，我们该怎么解释全球各异的文化之间存在那么多相似之处？

人类的共性

文化的缤纷多样令人赞叹，但在眼花缭乱的同时，我们不能忘记一个重要的事实，即世界各地的人有许多共同点。所有文化都包含以下内容：语言、神话、舞蹈、示意动作、明确的性别角色、不同等级的社会地位、两性规则、男性占有更多的社会支配权。

我们该怎么解释人类的不同文化中都包含的这些？

部分共性可能是人类在非洲作为同一个文化群体生活时"创造"出来的，后来从祖先聚居地分散迁徙到各处的群体把这些继承了下来。另一部分共性可能或多或少产生自**人类本性**。

什么是人类本性？

　　世界各地各异的文化有许多共同之处，这表明创造了这些文化的人类心智也有许多相同的特点，再进一步说，这也反映出共同的进化历史。在心智的塑造过程中，自然选择与人类身体似乎起到了同等的作用。

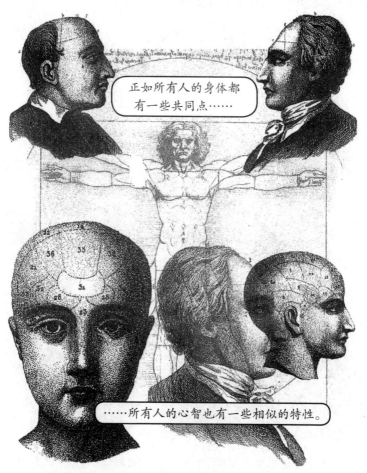

　　人类心智共通的特点构成了"人类本性"。这是千万年进化留下的成果。

进化心理学

进化心理学从进化的角度研究人类心智，是一门研究人类本性的学问。

有些进化心理学家认为，心智和身体一样……

……由许多明确的适应性特征构成……

……每一个都是由进化产生，用以解决我们的祖先面对的一个特定问题。

按照**莱达·科斯米迪和约翰·图比**的说法，心智不是一种全能型问题解决装置，而是由许许多多特定问题的解决装置组合而成，更像是一把瑞士军刀，而不是一把匕首。

泛模块论

人类心智中的特定问题解决装置被称作**模块**。科学家已找到证据证明，我们的视觉和语言能力都是由大脑模块控制的。不过，部分进化心理学家的观点要激进得多。科斯米迪和图比提出，更复杂的能力，比如对社交场景做出判断，也是由模块控制的。

心智完全由成百上千个模块构成。

这被称为"泛模块"假说。

并非所有进化心理学研究者都认同泛模块假说。部分人认为，视觉和语言之类的模块的确存在，但不存在所谓理性思考的模块。在这一派人当中，考古学家**史蒂文·米森**（1960—　）提出，**人类**心智进化的独特之处，就在于不同区域间的区隔被消除了。

墙塌了

米森认为，猿人的心智结构有点像一座中世纪的教堂。和教堂有几座小礼拜堂围绕着一个中殿一样，猿人的心智有一个通用智能构成的中央区域，周围分布着语言、工具制造等几个特定的功能模块。

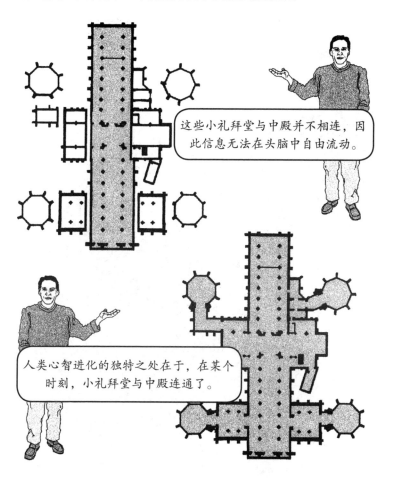

这些小礼拜堂与中殿并不相连，因此信息无法在头脑中自由流动。

人类心智进化的独特之处在于，在某个时刻，小礼拜堂与中殿连通了。

这样一来，先前被限制在特定模块里的信息，就可以在头脑中自由流动，因而人类拥有认知的灵活性。

科学与推测

米森的观点有很大一部分推测的成分，进化心理学家提出的观点大都如此。推测并没有什么问题。所有的科学理论都是由推测开始的。关键是推测不会一直是推测。一种理论一旦形成，就必须进行验证。通过验证之后，这就是大家认可的知识。如果没能通过验证，这种理论就需要纠正，或干脆舍弃。

我们可以用黑猩猩等关系稍远一些的物种做比较，但是这对了解人类独有的特质——比如艺术和道德帮助不大。

生存装备还是求偶工具？

进化心理学家在谈及艺术和道德等人类独有的特质时，通常把这些当作人类以实用为目的进化出的智能带来的副产品。例如**史蒂芬·平克**在《心智探奇》一书中，着重讲述了视觉、育儿等实用性能力……

……而我们最珍视的一些东西，如艺术、道德和创造力，都只是被放在最后一章里做了一点推测性的探讨。

杰弗里·米勒是极少数直面这个问题的进化心理学家之一。

艺术和道德不是由应对生存的适应，而是由性选择塑造的适应带来的副产品。

在米勒看来，所有人类独有的能力都是求偶工具。

艺术是一种求偶炫耀吗？

　　米勒认为，一般人觉得最富"人类"特色的东西，比如我们的艺术、道德、语言能力，并不是因为对生存有利而进化出来的，这些能力的形成是为了帮助我们的祖先追求异性。

　　米勒提出，我们的艺术能力起到了求爱广告的作用，这也就意味着，所有艺术都是由潜意识里对性爱的某种期待驱动的。

这么说，我们的艺术活动可能是一种动物的求偶炫耀，背后并没有什么阴暗的弗洛伊德式动机。

　　米勒的理论要想成立，唯一需要证明的就是，我们的祖先偏爱具备艺术才能的异性。

人类与艺术

　　米勒的理论存在争议，有待谨慎验证。人类艺术能力的进化原因目前还没有定论。不管答案会是什么，无可否认的一点是，人类在文化能力的发展上超越了所有物种。

"文化"是指通过学习而非基因传递给下一代的信息。

人类以外的一些群居动物有原始形态的文化。

　　例如，一些地方的鸟类有当地种群特有的鸣叫，西非黑猩猩群有砸坚果的独门技巧。但与丰富多彩的人类文化相比，动物的这类文化传统极为有限。

文化的进化

有人认为，人类文化也在进化，进化的方式与基因相同。1976 年，理查德·道金斯提出了"模因"的概念，将其假定为文化进化的基本单位。

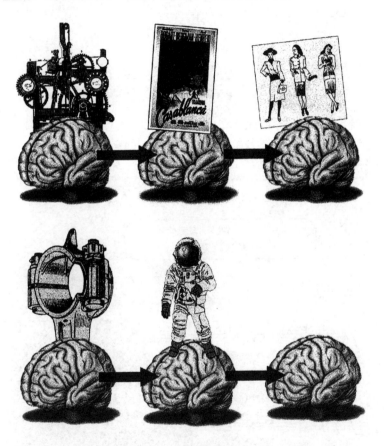

"举例来说，模因可以是曲调、想法、警句、服装的流行款式、罐子的制作方法、拱门的建造方法。正如基因的传播是在基因库里，通过精子或卵子从一个个体传到另一个个体，模因的传播是在模因库里，从一个大脑传到另一个大脑，传播的方式从广义上讲，可以称为模仿。"（《自私的基因》，道金斯，192 页）

模因，还是头脑病毒？

　　法国认知科学家**丹·斯佩贝尔**（1942— ）认同文化的进化，但与道金斯的观点有分歧。斯佩贝尔认为文化进化的基本单位更像病毒，而非基因。

　　繁殖力强的观念像寄生虫一样，借助我们的大脑完成自身的传播。按斯佩贝尔的说法，文化传播的研究应该更接近于**流行病学**（研究疾病传播的科学），而不是遗传学。

为什么有些观念能流行？

观念更像基因还是更像病毒的问题，目前尚无定论，不过这两种理论都认为，观念的流行或衰落带动了文化的进化。

进化心理学家认为，一个观念如果很好地契合了人类心智进化的特性，就能流传更广。

宗教观念的必然性

人类历史上传播最成功的观念之一，是神的存在。神和其他超自然力量几乎在所有文化中占据了重要位置。为什么这个观念与人类心智如此契合？

法国人类学家**帕斯卡尔·博耶**指出，宗教观念的流行在很多方面都有其必然性。

宗教观念与人类想为**世间的一切**找到解释的愿望相吻合。

但人类想要的不仅仅是解释。最关键的一点，我们想要把原因归结到**人类**的解释。

最让我们满意的解释都带有信念和欲望的意味。

由此再推进一小步就可以形成一个观念，认为太阳升起、雨水降下都是因为某个**拥有超自然力量**的人希望如此。"神"这个概念之所以吸引我们，也是因为它既熟悉又陌生。神与人有相像的地方，但又不完全一样。

155

进化认识论

部分哲学家认为，科学理论也是在进化的。正如大自然中只有最适应环境的生物才能活下来，在科学界，只有最准确的理论才能长久存在。对科学知识的这种诠释被称为"进化认识论"。

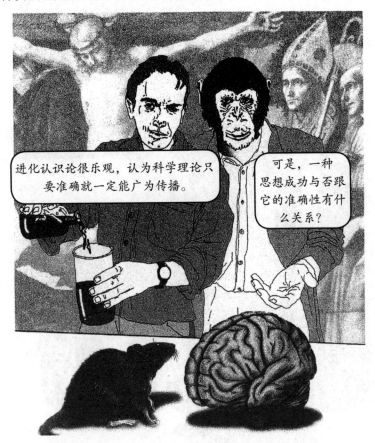

我们刚才看到了，宗教观念是人类历史上传播最成功的观念之一。这似乎表明，即使是最不准确的思想也有流行的可能。当一个观念与人类心智进化形成的倾向性相契合，就会被广泛接受，达到这条标准的同时，并不一定对准确性有要求。

进化伦理学

那么，伦理呢？人们的是非观念也会进化吗？如果会，是什么原因导致有些伦理观念广为流传，有些却渐渐消失了？

进化伦理学家认为，道德规范被广泛接受的原因，与其他观念被接受的原因一样——它们与人类心智进化形成的特点相吻合。

就道德规范而言，决定其成败的，是人类心智进化形成的特点，即**道德本能**。

世界各地的道德规范非常相近，这是因为它们是在同样的道德心理基础上形成的。

道德进化

说到人类有道德本能，也许有人会觉得这种观点违反了达尔文学说，因为在很多人看来，达尔文学说的核心是适者生存，从这一点来说，人应该是自私的动物。

但我们在前面看到过，自私的基因可以构建利他的个体，从而实现自身的延续。

在蚂蚁之类高度社会化的动物当中，一个个体为集体利益牺牲自己是很常见的事。

人类和其他灵长动物一样，也是高度社会化的动物，因此人类进化出利他倾向并不奇怪。

道德本能

面对道德上的两难问题，人们往往会做出无私的选择。

比如曾经有一个实验，在几百个钱包里装一点现金和一张假证件，扔到纽约市各处的街边。

像这样本能的利他行为，在现实中还有很多。在许多国家，人们都会无偿献血。在美国献血有现金奖励，献血人数反而少于没有任何报酬的英国。

道德情感

从本能的利他表现来看，人们的行为似乎并不像很多经济学家所说，由理性的自我利益支配，左右行为的常常是某种促使他们去帮助别人的情感，例如同情。

亚当·斯密（1723—1790）就持这种观点。

有意思的是，亚当·斯密也是经济学之父。

大概经济学家们读我的书读得不够认真。

他的第一本著作《道德情操论》（1759年）的问世，比《物种起源》早了一百年，但在谈及道德本能对人类行为的支配时，已经呈现出鲜明的现代进化理念。

观念是活的吗？

在一些思想家看来，观念能够**进化**只是一种比喻。另一些人认为这是事实。还有一部分人的看法更激进，认为这意味着观念实际上是活的生命体。理查德·道金斯就提出，能在自然选择的推动下进化是生命的标志性特征。

假如我们在另一个星球上发现了生命，我们可以肯定地说，那是进化历程的产物。

人工生命

　　20 世纪 80 年代，人工智能领域的研究者开始借用达尔文思想设计计算机程序。他们不再是自己写程序，而是随机启动几个初始程序，然后让这些程序自己比赛去解一道题。表现最好的程序可以获得自我复制的权力，但复制过程被刻意设定成了不完美的，允许偶尔出现一点错误。这样一轮竞争过后，新的程序继续进入下一轮比赛，如此循环下去。

　　这就是为什么，人工智能领域被称作"人工生命"。

遗传算法

以这种方式进化的计算机程序叫作"遗传算法"。如今遗传算法被应用在越来越多的领域，从管理投资组合到设计桥梁楼宇，其重要性日渐凸显。

计算机病毒是可以自我复制的程序，通过软盘和电子邮件在计算机硬盘间传播。这些人造寄生虫和现实中的病毒一样，拥有巨大的破坏力。

机器人进化学

遗传算法还可以应用于机器人设计。这个人工智能领域被称为"机器人进化学"。2000 年，布兰迪斯大学的两位美国科学家，**霍德·利普森**和**乔丹·波拉克**用遗传算法赋予了机器人自我设计、自我建造的功能。

程序一遍遍重复运行，这些机器人通过自然选择一步步进化。

利普森和波拉克实验中的机器人由几根铰接棍子组合而成，构造很简单。但是将来，同样的技术完全有可能让机器人进化出更复杂的模样。或许有一天，机器人会进化得比我们聪明。

虚拟世界蒂埃拉

进化机器人领域的实验做起来很贵，难度很大。目前来说，大多数涉及模拟进化的人工生命实验都是在计算机里，而不是在现实世界里展开。

这类实验的一个经典案例名为"**蒂埃拉**"（Tierra）。蒂埃拉是**托马斯·雷**在 20 世纪 90 年代初设计的一个虚拟世界。设计完成后，雷给这个世界配置了简单的遗传算法，然后放手，任由它自己发展。

没有雷的干涉，遗传算法开始自我复制，偶尔出现错误，于是产生了越来越多的变异。

不同种类的数字生命日渐增加，开始相互竞争，占领计算机硬盘空间。呈现在雷眼前的，是一场发生在电脑中的货真价实的进化。

同一条主线

讲了这么多人工生命和进化机器人，好像远远偏离了我们在本书开始时探讨的生物学问题。其实，这些全都由达尔文那个简单却又强大的观点联系在一起。自然选择进化论不仅仅是现代生物学的核心，如今在人工智能、心理学、哲学、人类学，甚至社会学等众多领域，都开始占据日益重要的位置。

《物种起源》（1859年）出版150年后，人们依然不知道，达尔文的危险观点还有多少后果尚未显现。

而且相比19世纪其他有影响力的理论，比如马克思主义和弗洛伊德的精神分析法，进化论不仅没有跌落神坛，而且获得了比以往更加坚实的证据支持。

争论还在继续

虽然有无可辩驳的证据，自然选择进化论却还是没有被广泛接受和理解。我们在本书开始时就谈到，即使在美国，在这个科学技术领先全球的国家，达尔文的观点仍会引发激烈的争论。

堪萨斯州的事情后来总算有一个好结局。2001 年 2 月，在当地课程删除进化论一年半之后，这项决定被撤销了。多亏全州科学工作者携手努力，生物学的核心理论又回到了堪萨斯的课堂里。

但是，科学与迷信之间的战斗尚未结束……

调查显示，大约四分之一到二分之一的美国人至今相信《圣经》的创世之说。似乎有很多人宁可无视科学证据，也不愿意抛弃或纠正自己小时候学到的宗教解释。

深奥问题的科学答案

基督教及其他宗教的创世传说解答了一些深奥的问题：生命是否有意义？我们是谁？我们为什么在这里？人是什么？

生物学家**乔治·盖洛德·辛普森**曾摆出上面最后一个问题，然后宣布……

1859年之前对这个问题的所有解答都毫无价值……全部不予理会反而对我们更好。

关于这些深奥的问题，自从达尔文提出自然选择进化论，我们就有了一个真正科学意义上的答案，再也不必求助于迷信。

有些人觉得，关于深奥问题的科学答案很乏味、不吸引人，完全比不上生动有趣的宗教传说。就连积极捍卫达尔文理论的英国生物学家**托马斯·亨利·赫胥黎**（1825—1895）都说，科学进步是悲剧。

进化的奇迹

然而在达尔文眼里，进化的事实一点也不丑陋。在《物种起源》的最后，他惊叹于生命进化历史呈现出的美。

"生命及其蕴含之力能，最初由造物主注入寥寥几个或单个类型。当这一行星按照固定的引力法则持续运行之时，无数最美丽与最奇异的类型，即是从如此简单的开端演化而来，并依然在演化之中。生命如是之观，何等壮丽恢宏。"

科学与价值观

这并不意味着科学能解答所有的问题。比如，科学无法告诉我们该如何生活。科学只能告诉我们事物是怎样，不能告诉我们**应该**怎样。

人类由猿进化而来是事实，不需要我们做出任何道德评判。我们的进化历史是过去，我们的未来是未来。

171

延伸阅读

要了解达尔文，最好的办法莫过于读他的书。*The Origin of Species*（《物种起源》）应该是每个人人生必读的书，或者，最起码应该读一读前五章。他的文字优雅流畅，虽是 1859 年出版的作品，今天读起来一样动人而明了。这本书现有许多版本，也被收入了"企鹅经典"（Penguin Classics）丛书。

近年介绍进化论的书籍中，我推荐下面两本：

The Blind Watchmaker（《盲眼钟表匠》），理查德·道金斯著。道金斯为大众讲解达尔文理论的能力无可匹敌。这本书生动阐释了自然选择如何运作，并纠正了许多常见的错误理解。

Darwin's Dangerous Idea: Evolution and the Meanings of Life（《达尔文的危险思想》），丹尼尔·C. 丹尼特著。这本书非常清楚地解释了自然选择进化论在生物学领域的运用，此外还探讨了达尔文思想在心理学、伦理学、哲学等更广泛的研究议题中发挥的作用。

如果你想看更专业的书籍，可以试试下面两本：

Evolution（《进化》），马克·里德利著。这本七百多页的厚重教科书从专业角度全面讲解了进化论。这是生物学专业的本科教材，也可用于自学。

Evolutionary Genetics（《演化遗传学》），约翰·梅纳德·史密斯著。这也是一本本科教材，适合愿意多花点精力深入了解的非专业人士。这本书比里德利的著作多一些数学内容，细致深入地介绍了理解进化所必需的遗传学知识。

如果你对利他行为或性选择理论感兴趣，那就一定要读读这两本书：

The Selfish Gene（《自私的基因》），理查德·道金斯著。这本书出版于 1976 年，对比尔·汉密尔顿、罗伯特·特里弗斯等进化生物学家揭示利他行为之谜的研究做了精彩的讲解。

The Ant and the Peacock（《蚂蚁与孔雀》），海伦娜·克罗宁著。这本书非常清晰地讲述了进化生物学家如何破解困扰他们的生物利他行为（蚂蚁）及性选择（孔雀）。

要了解地球生命的整个发展历史，我推荐下面两本：

The Variety of Life: A Survey and a Celebration of all the Creatures that Have Ever Lived（《生命的多样性》），科林·塔奇著。这本书以清晰的文字和出色的插图完整呈现了生命树，解释了从古至今所有陆生生物之间的进化关系，无疑是一位顶尖科普作家了不起的成就。

The Origins of Life（《生命的起源》），约翰·梅纳德·史密斯与厄尔什·绍特马里著。两位杰出生物学家通过"进化的九次飞跃"梳理了地球生命的历史。

如果你对人类的进化感兴趣，可以看看下面三本有关进化心理学的书籍：

Introducing Evolutionary Psychology（《演化心理学》），迪伦·埃文斯与奥斯卡·萨拉特著。该怎么介绍呢？这是我写的另一本书！奥斯卡的配图非常棒。

How the Mind Works（《心智探奇》），史蒂芬·平克著。学界先驱撰写的一本更为详尽的进化心理学入门书籍，很有趣。

The Mating Mind（《求偶思维》），杰弗里·米勒著。米勒对进化心理学提出了他的另类诠释，根据他的观点，人类心智在许多方面的进化都是由性选择决定的。

致谢

　　文字作者要感谢奥利弗·柯里阅读上一版草稿并提出宝贵的建设性意见，还要感谢 Darwin@LSE Work-in-Progress Group 的所有其他成员在过去几年里帮助我加深了对进化论的理解。感谢标志书局（Icon Books）的理查德·阿皮尼亚内西和珍妮弗·里格比细致入微的编辑工作。最后要特别感谢霍华德·塞利纳提供大量建议，为这本书的写作增添了许多乐趣。

　　插图作者要感谢朱迪·格罗夫斯女士归还哲学参考书，感谢迪伦·埃文斯协助绘图，感谢保拉·迪·詹克罗斯女士供应茶和手工卷烟。

索引

图画通识丛书